B. I.-Hochschultaschenbücher
Band 778

W0208899

Übungen in Grundlagen der Elektrotechnik I

Elektrostatisches Feld, Gleichstrom und Netzanalyse

Aufgaben mit ausführlichen Lösungen

von
Dr.-Ing. Gunther Wiesemann
Professor an der
Fachhochschule Braunschweig – Wolfenbüttel
und
Dr.-Ing. Wolfgang Mecklenbräuker
Philips Research Lab., Eindhoven

Bibliographisches Institut Mannheim/Wien/Zürich
B.I.-Wissenschaftsverlag

Alle Rechte, auch die der Übersetzung in fremde Sprachen, vorbehalten. Kein Teil dieses Werkes darf ohne schriftliche Genehmigung des Verlages in irgendeiner Form (Fotokopie, Mikrofilm oder ein anderes Verfahren), auch nicht für Zwecke der Unterrichtsgestaltung, reproduziert oder unter Verwendung elektronischer Systeme verarbeitet, vervielfältigt oder verbreitet werden.
© Bibliographisches Institut AG, Mannheim 1973
Druck und Bindearbeit: Hain-Druck KG, Meisenheim/Glan
Printed in Germany
ISBN 3-411-00778-8

V O R W O R T

Die hier zusammengestellten Aufgaben und die Lösungen dazu sind von 1963 bis 1970 in den Übungen und Prüfungen zu „Grundlagen der Elektrotechnik I" an der Technischen Hochschule Darmstadt verwendet worden. Einige Aufgaben sind altbekannt, manche wurden uns von Studenten zugetragen; die meisten sind bei uns entstanden.

Wir danken den vielen Studenten, die durch Fragen, Vorschläge und Entdeckung von Fehlern zur vorliegenden Sammlung beitrugen.
Sie haben gezeigt, daß man zwischen „Lehrenden" und „Lernenden" nicht scharf unterscheiden kann.

Für die durchdachte und übersichtliche Gestaltung des Textes und der Gleichungen danken wir Frau A. Baumgarten, für die sorgfältige Ausführung der Zeichnungen Herrn H. Holland.

Stuttgart und Eindhoven, im Januar 1972

G. Wiesemann
W. Mecklenbräuker

Hinweise für den Benutzer

Für die Aufgaben wird der Lehrstoff vorausgesetzt, den Professor Dr. G. Bosse den Studenten des ersten Semesters in seiner Vorlesung „Grundlagen der Elektrotechnik I" vorträgt und der in dem Hochschultaschenbuch 182 des Bibliographischen Institutes zusammengefaßt ist.

Da diese Aufgabensammlung als Hochschulskriptum herausgegeben wird, mußten wir auf die übliche Unterscheidung zwischen physikalischen Größen und Einheiten durch Kursiv- und Steilbuchstaben verzichten.

Die Reihenfolge der Aufgaben richtet sich nach der Vorlesung. Aufgaben zum gleichen Thema sind nach steigendem Schwierigkeitsgrad geordnet. Innerhalb jedes Abschnittes werden zunächst alle Aufgaben, dann alle Lösungen angegeben; wir hoffen, dadurch zu einer selbständigen Bearbeitung der Aufgaben anzuregen.

Wo es uns nötig schien, haben wir den Aufgabentext durch eine A n l e i t u n g ergänzt. In den A n m e r k u n g e n zu den Lösungen haben wir versucht, verschiedene Methoden miteinander zu vergleichen oder andere Lösungswege anzugeben.

E i n g e r a h m t wurden die Nummern derjenigen Aufgaben, die nicht Varianten einer vorangehenden Aufgabe sind. Die Aufgaben mit nicht eingerahmter Nummer können beim Durcharbeiten der Sammlung ausgelassen werden. Sie dienen nur einer zur Prüfungsvorbereitung manchmal gewünschten größeren Routine. Die Lösungen dieser Aufgaben werden deshalb kürzer dargestellt.

Inhaltsverzeichnis

1. DAS STATISCHE ELEKTRISCHE FELD

a. Kraft auf eine Punktladung; elektrische Feldstärke und Erregung; elektrischer Dipol

AUFGABEN

1.1 Zwei punktförmige elektrische Ladungen befinden sich in Luft.

1.1.1 Man forme die Gleichung für den Betrag der Kraft zwischen den Ladungen so in eine zugeschnittene Größengleichung um, daß sich die Kraft in µp ergibt. Es sollen die Ladungen unmittelbar in pC und der Abstand der Ladungen unmittelbar in cm eingesetzt werden können. Für die Dielektrizitätskonstante gilt

$$\varepsilon_0 = 8{,}854 \cdot 10^{-12}\ \frac{\mathrm{As}}{\mathrm{Vm}} \ .$$

1.1.2 Wie groß ist der Betrag der Kraft zwischen zwei Ladungen von 4 pC bei einem Abstand von 5 cm ?

1.2 Gegeben ist ein elektrisches Feld mit der elektrischen Feldstärke $\vec{E}$, deren Betrag und Richtung konstant sind.

1.2.1 Wie groß ist jeweils die dem Feld entnommene Energie, wenn die Probeladung von
a) 1 → 2
b) 2 → 3
c) 3 → 4
d) 4 → 1
bewegt wird ?

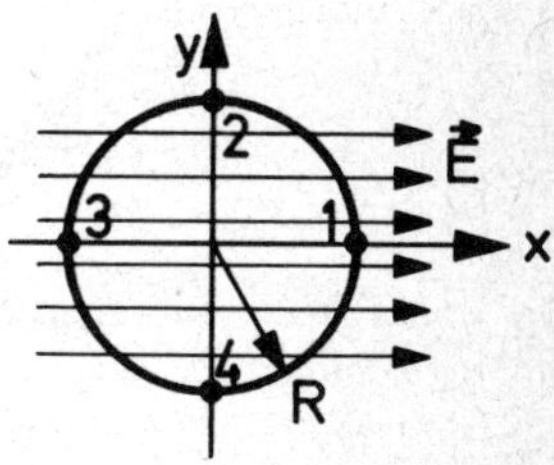

Bild 1.1
Ladungsverschiebung in einem elektrostatischen Feld

1.2.2 Man zeige, daß eine Probeladung Q dem Feld auf dem geschlossenen Umlauf eines Kreises (Radius R) keine Energie W entnimmt.

1.3 Auf einer Hohlkugel (Radius a) ist die Ladung Q gleichmäßig verteilt. Gesucht ist die Feldstärke E als Funktion der Koordinate r für

1.3.1 $r < a$

1.3.2 $r > a$.

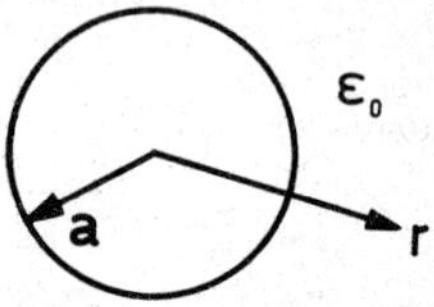

Bild 1.2
Zur Berechnung des Feldes einer geladenen Hohlkugel

1.4 Man begründe die Tatsache, daß im elektrostatischen Feld die Feldlinien senkrecht aus elektrisch gut leitenden Flächen (= Äquipotentialflächen) austreten.

1.5 Die beiden Punktladungen Q_1 und Q_2 haben voneinander den Abstand a. Man bestimme den Verlauf der elektrischen Feldstärke entlang der Verbindungsgeraden der beiden Ladungen für

1.5.1 $Q_1 = -Q_2 = |Q|$ und

1.5.2 $Q_1 = Q_2 = |Q|$.

1.6 In einem rechtwinkligen Koordinatensystem befindet sich je eine Punktladung Q in den Punkten (0; 0; 0), (a; 0; 0) und (0; a; 0). Man berechne die Kraft $\vec{F}$ auf die Punktladung im Koordinatenursprung allgemein und für die Zahlenwerte Q = 1nC und a = 1 cm .

1.7 In einem rechtwinkligen Koordinatensystem befinden sich zwei negative Punktladungen an den Stellen (a; 0; 0) und (0; a; 0) und an der Stelle (0; 0; 0) eine positive Punktladung. Eine weitere positive Punktladung soll so angeordnet werden, daß auf die Ladung im Koordinatenursprung keine Kraft ausgeübt wird.

Man gebe die Koordinaten dieser vierten Punktladung an, wobei vorausgesetzt werden soll, daß alle vier Ladungen den gleichen Betrag Q haben.

1.8 Ein Ring mit dem Radius R besteht aus dünnem Draht und trägt, gleichmäßig verteilt, die positive Ladung Q. Die x-Achse wird in die Achse des Ringes gelegt. Man berechne

1.8.1 den Feldstärkeverlauf $E_x(x)$ in der Achse

1.8.2 die Lage und den Wert der maximalen und der minimalen Feldstärke E_x in der x-Achse.

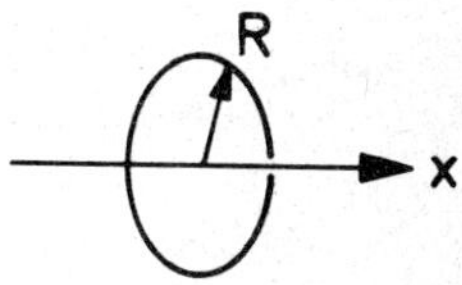

Bild 1.3
Geladener Ring

Anleitung: Man beachte, daß die Feldstärke $\vec{E}$ wegen der Symmetrie der Anordnung in der Achse nur in x-Richtung verläuft.

1.9 Im elektrischen Feld der positiven Punktladung Q befindet sich ein Dipol mit der Länge 2R, der um seinen Mittelpunkt drehbar ist. Der Dipol trägt an seinen Enden das Ladungspaar $\pm$ e. Die Verbindungsstrecke zwischen der Punktladung Q und der Dipolmitte hat die Länge a und bildet mit dem Dipol den Winkel ψ .

1.9.1 Man berechne den Betrag M des Drehmomentes, das auf den Dipol wirkt.

1.9.2 Man bestimme den Betrag von M für R<< a näherungsweise.

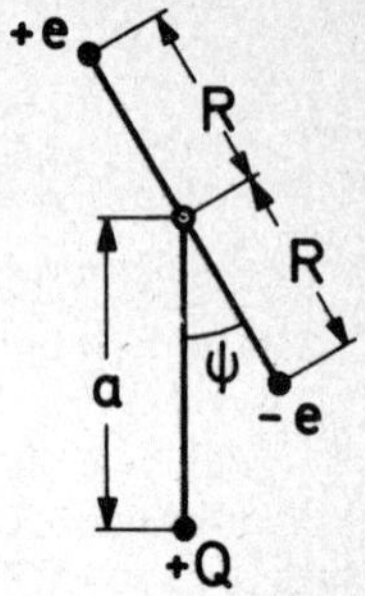

Bild 1.4
Punktladung und Dipol

LÖSUNGEN

1.1 1.1.1 Die beiden Punktladungen Q_1 und Q_2 üben aufeinander eine Kraft mit dem Betrag

$$F = \frac{|Q_1 Q_2|}{4\pi\varepsilon_0 r^2}$$

aus. Da jede physikalische Größe als Produkt eines Zahlenwertes mit einer Einheit beschrieben werden kann, so ist zum Beispiel die Größe F als Produkt des Zahlenwertes (F/µp) mit der Einheit µp darstellbar:

$$F = \frac{F}{\mu p}\ \mu p \quad .$$

Ebenso können wir schreiben

$$Q_1 = \frac{Q_1}{pC}\ pC, \quad Q_2 = \frac{Q_2}{pC}\ pC, \quad r = \frac{r}{cm}\ cm\ .$$

Dies setzen wir in die Gleichung für den Betrag der Kraft ein :

$$\frac{F}{\mu p}\ \mu p = \frac{|(Q_1/pC)\cdot(Q_2/pC)|}{4\pi\varepsilon_0 (r/cm)^2} \cdot \frac{pC^2}{cm^2}$$

$$\frac{F}{\mu p} = \frac{|(Q_1/pC)\cdot(Q_2/pC)|}{(r/cm)^2} \cdot \frac{pC^2}{4\pi\varepsilon_0 \mu p\cdot cm^2}\ .$$

In dieser Gleichung hat der Ausdruck $(F/\mu p)$ auf der linken Seite die Dimension eins; ebenso hat der Bruch

$$\frac{|(Q_1/pC)\cdot(Q_2/pC)|}{(r/cm)^2}$$

auf der rechten Seite die Dimension eins. Es muß also auch der Faktor

$$\frac{pC^2}{4\pi\varepsilon_0\cdot\mu p\cdot cm^2}$$

die Dimension eins haben; wir werden im folgenden den Zahlenwert ausrechnen, auf den sich dieser Faktor demnach reduzieren lassen muß :

$$\frac{pC^2}{4\pi\varepsilon_0\cdot \mu p\cdot cm^2} = \frac{10^{-24}(As)^2\cdot Vm}{4\pi\cdot 8,854\cdot 10^{-12} As\cdot 10^{-9} kp\cdot 10^{-4} m^2} =$$

$$= \frac{10}{4\pi\cdot 8,854}\ \frac{VAs}{mkp}\ .$$

Wegen

$$1 \text{ mkp} = 9{,}81 \text{ Nm} = 9{,}81 \text{ VAs}$$

wird dann

$$\frac{\text{pC}^2}{4\pi\varepsilon_0 \cdot \mu\text{p} \cdot \text{cm}^2} = \frac{1o}{4\pi \cdot 8{,}854} \cdot \frac{\text{VAs}}{9{,}81 \text{ VAs}} = 9{,}16 \cdot 1o^{-3}.$$

Damit erhalten wir als die gesuchte zugeschnittene Größengleichung

$$\boxed{\frac{F}{\mu\text{p}} = 9{,}16 \cdot 1o^{-3} \frac{|(Q_1/\text{pC}) \cdot (Q_2/\text{pC})|}{(r/\text{cm})^2}} .$$

1.1.2 Für die gegebenen Zahlenwerte wird

$$\boxed{F = 5{,}86 \cdot 1o^{-3} \mu\text{p}} .$$

1.2 *1.2.1* Wir bezeichnen die Energiebeträge, die dem Feld auf den einzelnen Abschnitten entnommen werden, mit

$$W_{12},\ W_{23},\ W_{34} \text{ und } W_{41} .$$

Für W_{12} gilt

$$W_{12} = Q \int_1^2 \vec{E} \cdot d\vec{s} = Q \int_1^2 E dx = QE(0 - R)$$

$$\boxed{W_{12} = -QER}.$$

Entsprechend wird

$$\boxed{\begin{aligned} W_{23} &= -QER \\ W_{34} &= +QER \\ W_{41} &= +QER \end{aligned}} .$$

1.2.2 Es gilt also für die gesamte Energie W, die dem Feld entnommen wird :

$$W = W_{12} + W_{23} + W_{34} + W_{41} = 0 \quad .$$

1.3 Es gilt allgemein zwischen der elektrischen Erregung D und der Ladung Q der Zusammenhang

$$\oint \vec{D} \cdot d\vec{A} = Q \; . \qquad (1.1)$$

Hierbei ist die Erregung D auf einer geschlossenen Hülle zu integrieren, und Q bezeichnet die Summe aller Ladungen, die von dieser Hülle umschlossen werden.
Ist eine gleichmäßig geladene Kugel gegeben, so sind auf einer zu dieser Kugel konzentrischen Kugelfläche wegen der entstehenden Kugelsymmetrie die Vektoren $\vec{D}$ und $d\vec{A}$ überall parallel; außerdem gilt dort

$$D = |\vec{D}| = \text{konst.} \quad ,$$

so daß folgende Umformung für die linke Seite der Gleichung (1.1) möglich wird :

$$|\oint \vec{D} \cdot d\vec{A}| = \oint D \cdot dA = D \oint dA = D \cdot 4\pi r^2 \; .$$

Setzt man dies in die Gleichung (1.1) ein, so erhält man

$$D = \frac{|Q|}{4\pi r^2} \quad \text{und} \quad E = \frac{|Q|}{4\pi\varepsilon_0 r^2} \quad .$$

1.3.1 Von einer Kugelfläche, die sich im Innern der geladenen Kugel befindet, wird keine Ladung umschlossen. Es gilt also

$$\boxed{E = 0} \quad (\text{für } r < a) \; .$$

1.3.2 Eine Kugelfläche, die die geladene Kugel umschließt, enthält die Ladung Q. Der Betrag der elektrischen Feldstärke außerhalb der geladenen Kugel ist also

$$\boxed{E = \frac{|Q|}{4\pi\varepsilon_0 r^2}} \qquad (\text{für } r > a) \,.$$

1.4 Falls die elektrische Feldstärke auf einer gut leitenden Fläche eine Tangentialkomponente hat, so verursacht diese dort eine Verschiebung der Ladungen, und zwar solange, bis das Feld senkrecht auf der Fläche steht. Ein solches Feld, in dem sich dann alle Ladungen in Ruhe befinden, bezeichnet man als elektrostatisches Feld.

1.5

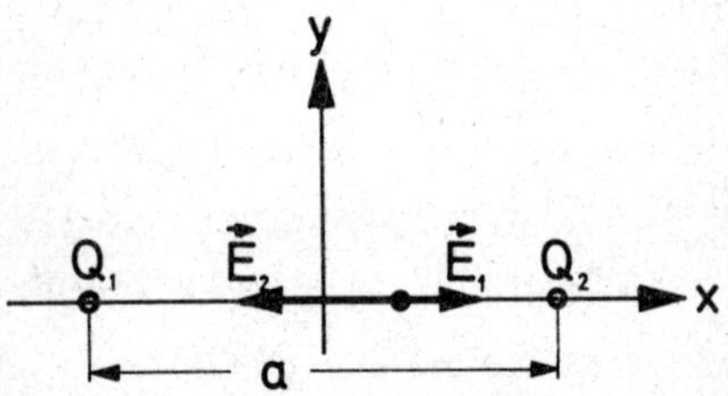

Bild 1.5
Zur Berechnung des Feldes zweier Punktladungen

Die Feldstärke an der Stelle x auf der Verbindungsgeraden kann durch Superposition aus den Feldstärken berechnet werden, die durch jede der Punktladungen allein entstehen.

Die Ladung Q_1 verursacht die Feldstärke

$$\vec{E}_1 = +\vec{e}_x \frac{Q_1}{4\pi\varepsilon_0(\frac{a}{2} + x)^2} \quad \text{für } -\frac{a}{2} < x < +\frac{a}{2}$$

und die Ladung Q_2 die Feldstärke

$$\vec{E}_2 = -\vec{e}_x \frac{Q_2}{4\pi\varepsilon_0(\frac{a}{2} - x)^2} \quad \text{für } -\frac{a}{2} < x < +\frac{a}{2} \quad .$$

An der Stelle x auf der Verbindungsgerade entsteht also insgesamt die Feldstärke

$$\vec{E} = \vec{E}_1 + \vec{E}_2 = \frac{\vec{e}_x}{4\pi\varepsilon_0} \left[\frac{Q_1}{(\frac{a}{2} + x)^2} - \frac{Q_2}{(\frac{a}{2} - x)^2} \right] .$$

Hierbei bezeichnet $\vec{e}_x$ den Einheitsvektor in x-Richtung.

1.5.1 Für $Q_1 = -Q_2 =. |Q|$ wird

$$\boxed{\vec{E} = \vec{e}_x \frac{|Q|}{4\pi\varepsilon_0} \left[\frac{1}{(\frac{a}{2} + x)^2} + \frac{1}{(\frac{a}{2} - x)^2} \right]} \quad \text{für } -\frac{a}{2} < x < +\frac{a}{2} .$$

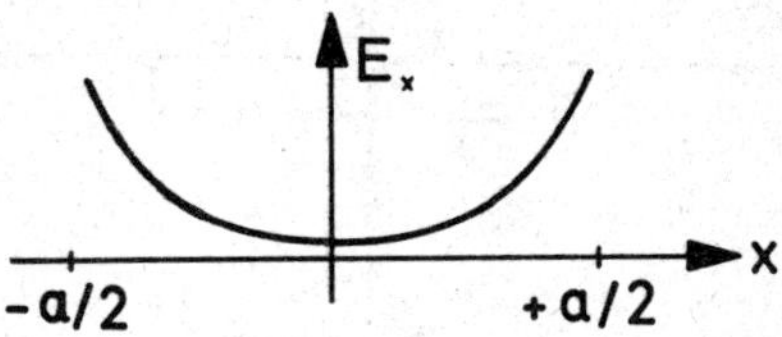

Bild 1.6
Die Feldstärke auf der Verbindungsgeraden zwischen einer positiven und einer negativen Punktladung

1.5.2 Für $Q_1 = Q_2 = |Q|$ wird

$$\vec{E} = \vec{e}_x \frac{|Q|}{4\pi \varepsilon_0}\left[\frac{1}{(\frac{a}{2} + x)^2} - \frac{1}{(\frac{a}{2} - x)^2}\right] \quad \text{für } -\frac{a}{2} < x < +\frac{a}{2}\,.$$

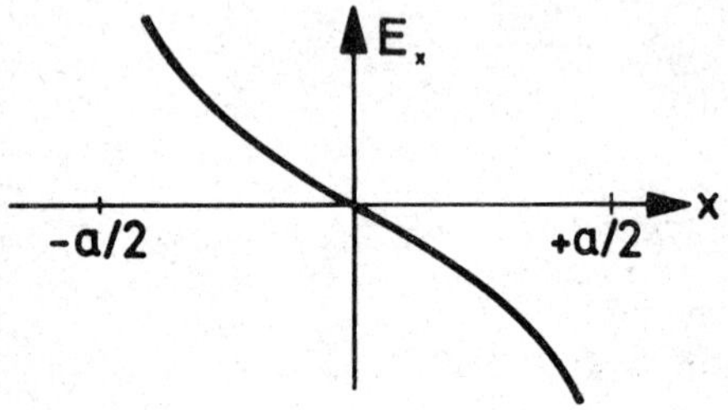

Bild 1.7
Die Feldstärke auf der Verbindungsgeraden zweier positiver Punktladungen

1.6

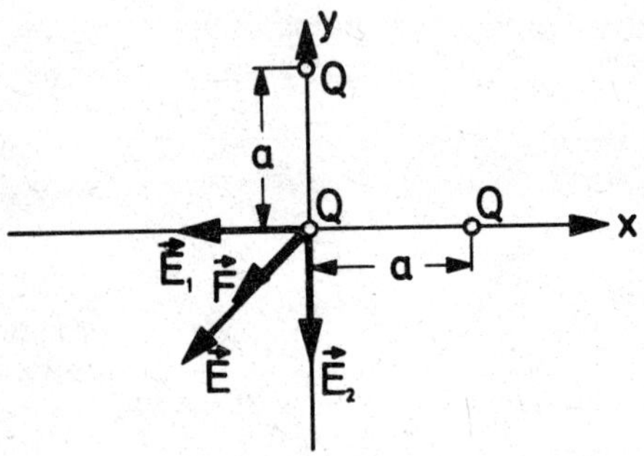

Bild 1.8
Kraft zweier Punktladungen auf eine dritte

Die Ladungen in den Punkten (a; 0; 0) und (0; a; 0) erzeugen im Koordinatenursprung die Feldstärke $\vec{E}$, die auch hier wieder durch Superposition der Anteile berechnet werden kann, die von den beiden Ladungen herrühren :

$$\vec{E} = \vec{E}_1 + \vec{E}_2 \quad .$$

Für die Anteile $\vec{E}_1$ und $\vec{E}_2$ gilt

$$\vec{E}_1 = -\vec{e}_x E_1 = -\vec{e}_x \frac{Q}{4\pi\varepsilon_0 a^2}$$

$$\vec{E}_2 = -\vec{e}_y E_2 = -\vec{e}_y \frac{Q}{4\pi\varepsilon_0 a^2} \quad ,$$

und damit wird

$$\vec{E} = -(\vec{e}_x + \vec{e}_y) \frac{Q}{4\pi\varepsilon_0 a^2} \quad .$$

Auf die Ladung Q im Koordinatenursprung wirkt infolgedessen die Kraft

$$\boxed{\vec{F} = Q\vec{E} = -(\vec{e}_x + \vec{e}_y) \frac{Q^2}{4\pi\varepsilon_0 a^2}} \quad .$$

Mit den gegebenen Zahlenwerten wird

$$F = |\vec{F}| = |\vec{e}_x + \vec{e}_y| \cdot \frac{10^{-18} (As)^2 \cdot Vm}{4\pi \cdot 8{,}854 \cdot 10^{-12} As \cdot 10^{-4} m^2}$$

$$F = \sqrt{2}\,\frac{10^{-2}\,\mathrm{VAs}}{4\pi\cdot 8{,}854\,\mathrm{m}} \approx \sqrt{2}\cdot 9\cdot 10^{-5}\,\mathrm{N} \approx 12{,}73\cdot 10^{-5}\,\mathrm{N}$$

$$\boxed{F \approx 12{,}95\ \mathrm{mp}}$$

1.7

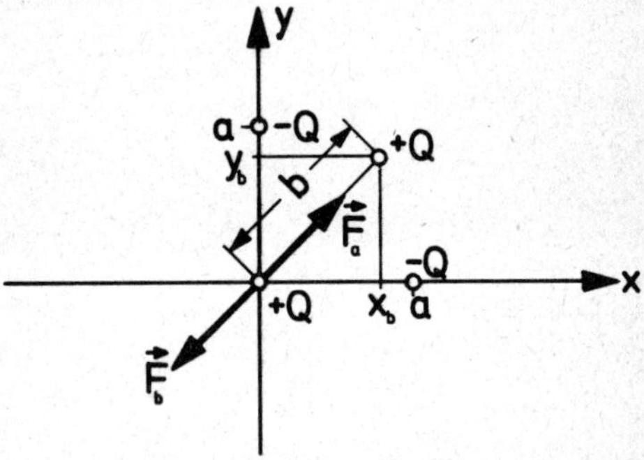

Bild 1.9
Zur Berechnung der Koordinaten einer Punktladung

Die beiden negativen Ladungen üben auf die Ladung im Koordinatenursprung die Kraft $\vec{F}_a$ aus :

$$\vec{F}_a = (\vec{e}_x + \vec{e}_y)\,\frac{Q^2}{4\pi\varepsilon_0 a^2} \quad .$$

Der Betrag dieser Kraft ist

$$F_a = \sqrt{2}\,\frac{Q^2}{4\pi\varepsilon_0 a^2} = \frac{Q^2}{4\pi\varepsilon_0 (a/\sqrt[4]{2})^2} \quad . \qquad (1.2)$$

Die vierte Ladung, deren Koordinaten gesucht sind, muß so angeordnet werden, daß die Kraft $\vec{F}_b$, die sie auf die Ladung im Koordinatenursprung ausübt, der Kraft $\vec{F}_a$ entgegengerichtet ist; die Beträge beider Kräfte müssen gleich sein :

$$F_b = F_a \quad . \qquad (1.3)$$

Die vierte Ladung muß also auf der Geraden liegen, in der auch der Vektor $\vec{F}_a$ liegt, und zwar im positiven Quadranten. Wenn wir den Abstand, den die beiden positiven Ladungen voneinander haben, mit b bezeichnen, so gilt

$$F_b = \frac{Q^2}{4\pi\varepsilon_0 b^2} \quad . \qquad (1.4)$$

Setzt man dies und die Gleichung (1.2) in (1.3) ein, so erhält man

$$b = a/\sqrt[4]{2} \quad . \qquad (1.5)$$

Als Koordinaten der vierten Ladung ergeben sich damit

$$x_b = y_b = b/\sqrt{2}$$

und mit Gleichung (1.5)

$$\boxed{x_b = y_b = a/2^{3/4}} \quad .$$

1.8 *1.8.1* Die Ladung Q des Ringes verteilt sich gleichmäßig über seinen Umfang $2\pi R$. Ein Ringelement der Länge Δl trägt also die Ladung

$$\Delta Q = \frac{\Delta l}{2\pi R}\, Q \quad .$$

Jedes Ladungselement ΔQ verursacht auf der x-Achse an der Stelle x den Beitrag

$$\Delta D = \frac{\Delta Q}{4\pi r^2}$$

zur Erregung und damit den Beitrag

$$\Delta E = \frac{\Delta Q}{4\pi\varepsilon_0 r^2}$$

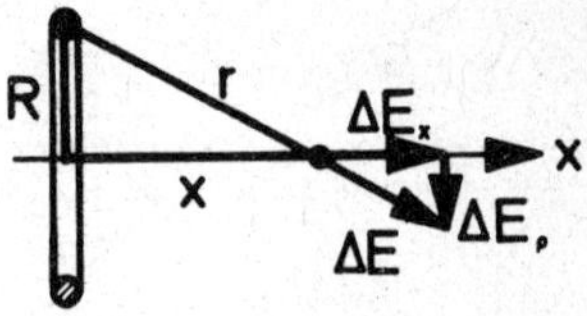

Bild 1.1o
Zur Berechnung der Feldstärke eines geladenen Ringes

zur Feldstärke, wobei $r^2 = R^2 + x^2$ ist. Die gesamte Feldstärke $\vec{E}$ an der Stelle x ergibt sich aus der Superposition sämtlicher Elemente $\Delta\vec{E}$. Jedes solche Element $\Delta\vec{E}$ zerlegen wir in seine Komponenten $\Delta\vec{E}_x$ und $\Delta\vec{E}_\rho$. Hierbei wird jedes Element $\Delta\vec{E}_\rho$ durch ein gleich großes entgegenwirkendes Element kompensiert, und es brauchen nur die Elemente ΔE_x berücksichtigt zu werden; für diese gilt

$$\Delta E_x / \Delta E = x/r \quad ,$$

also

$$\Delta E_x = \frac{x}{r}\,\Delta E = \frac{x}{r}\,\frac{\Delta Q}{4\pi\varepsilon_0 r^2} = \frac{Qx}{2\pi R}\,\frac{\Delta l}{4\pi\varepsilon_0 r^3} \quad .$$

Die resultierende Feldstärke wird damit

$$E_x = \int_{l=o}^{l=2\pi R} dE_x = \int_{o}^{2\pi R} \frac{Qx}{2\pi R}\,\frac{dl}{4\pi\varepsilon_0 r^3} = \frac{Qx}{4\pi\varepsilon_0 r^3}$$

$$\boxed{E_x = \frac{Qx}{4\pi\varepsilon_0(R^2+x^2)^{3/2}}} \quad . \qquad (1.6)$$

Für x >> R wird

$$E_x \approx \frac{Qx}{4\pi\varepsilon_0 x^3} = \frac{Q}{4\pi\varepsilon_0 x^2} ,$$

d.h. in großem Abstand vom Ring kann die auf dem Ring verteilte Ladung wie eine Punktladung behandelt werden.

1.8.2 In ihren Extrempunkten x_0 muß die Ableitung

$$\frac{dE_x}{dx} = \frac{Q}{4\pi\varepsilon_0} \frac{(R^2+x^2)^{3/2}-3x^2(R^2+x^2)^{1/2}}{(R^2+x^2)^3}$$

der Funktion $E_x(x)$ verschwinden :

$$(R^2+x_0^2)^{3/2} = 3(R^2+x_0^2)^{1/2}x_0^2$$

$$\boxed{x_0 = \pm R/\sqrt{2}} \quad . \qquad (1.7)$$

Die Feldstärke $E_x(x)$ hat an der Stelle $|x_0|$ ein Maximum: setzt man die Gleichung (1.7) in (1.6) ein, so erhält man

$$E_x(|x_0|) = \frac{QR/\sqrt{2}}{4\pi\varepsilon_0(R^2+R^2/2)^{3/2}} = \frac{QR}{4\sqrt{2}\cdot(3/2)^{3/2}R^3}$$

$$\boxed{E_x(|x_0|) = \frac{Q}{6\sqrt{3}\pi\varepsilon_0 R^2}} \quad .$$

An der Stelle $x = -R/\sqrt{2}$ hat die Funktion $E_x(x)$ ein Minimum:

$$\boxed{E(-|x_0|) = -E(|x_0|)} \; .$$

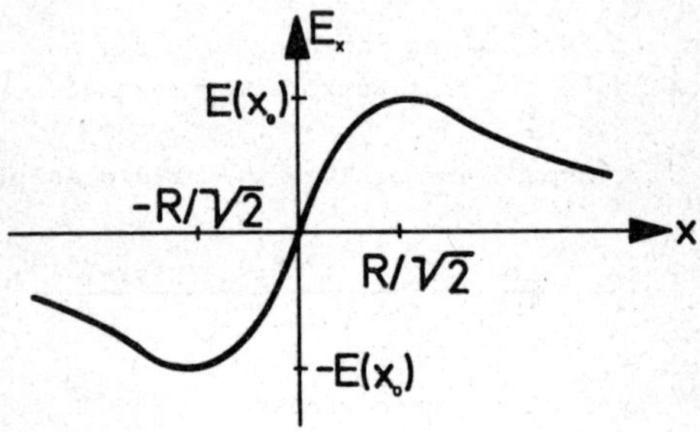

Bild 1.11
Feldstärke auf der Achse
eines geladenen Ringes

Anmerkung

Wenn die Ladung Q des Ringes negativ ist, bleibt das Ergebnis (1.6) für die elektrische Feldstärke gültig.

1.9 Auf den Dipol wirkt das Kräftepaar $\vec{F}_1$, $\vec{F}_2$ (Bild 1.12). Für die Beträge dieser Kräfte gilt :

$$F_1 = \frac{Qe}{4\pi\varepsilon\rho_1^2} \, , \qquad F_2 = \frac{Qe}{4\pi\varepsilon\rho_2^2} \; .$$

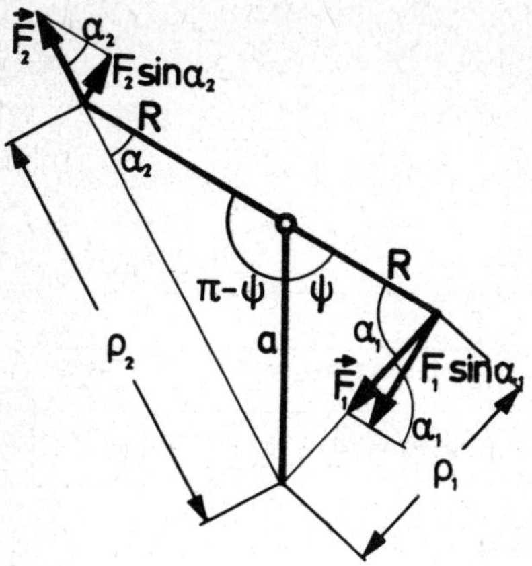

Bild 1.12
Zur Berechnung des Dipolmoments
im Feld einer Punktladung

Für die Abstände ρ_1 und ρ_2 der Dipolladungen von der Punktladung Q gilt hierbei nach dem Kosinussatz

$$\rho_1^2 = a^2 + R^2 - 2aR\cos\psi$$

$$\rho_2^2 = a^2 + R^2 - 2aR\cos(\pi-\psi) = a^2 + R^2 + 2aR\cos\psi \ .$$

1.9.1 Auf den Dipol wirkt die Kraft $\vec{F} = \vec{F}_1 + \vec{F}_2$ und außerdem das Dipolmoment $\vec{M}$ mit dem Betrag

$$M = R(F_1 \sin\alpha_1 + F_2 \sin\alpha_2)\ ,$$

wobei man mit Hilfe des Sinussatzes erhält

$$\sin\alpha_1 = \frac{a}{\rho_1}\sin\psi\ ,$$

$$\sin\alpha_2 = \frac{a}{\rho_2}\sin(\pi - \psi) = \frac{a}{\rho_2}\sin\psi\ .$$

Damit wird

$$\boxed{M = \frac{QeRa}{4\pi\varepsilon}\sin\psi\left[\frac{1}{(a^2+R^2-2aR\cos\psi)^{3/2}} + \frac{1}{(a^2+R^2+2aR\cos\psi)^{3/2}}\right]}\ .$$

Speziell für $\psi = 0$ wird $M = 0$, und für $\psi = \pi/2$ wird

$$M = \frac{QeRa}{2\pi\varepsilon}\ \frac{1}{(a^2+R^2)^{3/2}}\ .$$

1.9.2 Falls $R \ll a$ ist, ergibt sich aus der Gleichung (1.8)

$$\boxed{M \approx \frac{eQR}{2\pi\varepsilon a^2}\sin\psi} \qquad (\text{für } R \ll a)\ .$$

b. Kondensatoren

AUFGABEN

1.1o Gegeben ist ein Zylinderkondensator mit einheitlichem Dielektrikum und den Elektrodenradien r_0 und r_2. Das Potential der inneren Elektrode ist OV, das Potential der äußeren Elektrode ist u. Gesucht wird der Radius r_1 der Äquipotentialfläche mit dem Potential u/2.

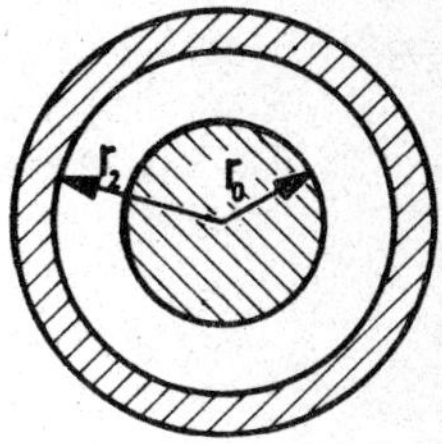

Bild 1.13
Zylinderkondensator

1.11 In dem in Bild 1.13 dargestellten Zylinderkondensator seien r_2 und die zwischen den Elektroden liegende Spannung u gegeben.

1.11.1 Wo tritt das Maximum E_0 der Funktion E(r) und damit die höchste elektrische Beanspruchung des Dielektrikums auf ?

1.11.2 Der Radius r_0 sei variabel. Bei welchem Wert r_0 ist die Maximalfeldstärke am geringsten ?

1.12 Die beiden Elektroden eines Kondensators sind Metallkugeln, deren Radius R viel kleiner als der Abstand b ihrer Mittelpunkte ist:

$$b >> R \quad .$$

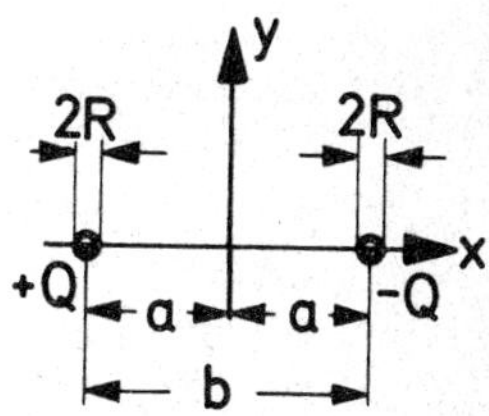

Bild 1.14
Zwei Kugelelektroden

1.12.1 Die linke Kugel trägt die Ladung +Q, die rechte Kugel die Ladung -Q. Man berechne die Feldstärke $E_x(x)$ für $y = o$ (d.h. auf der x-Achse) zwischen den Kugeln $(R - a \leq x \leq a - R)$.

Hierbei soll vorausgesetzt werden, daß die Ladungen +Q und -Q auf den beiden Elektroden jeweils gleichmäßig verteilt sind. Das heißt: obwohl die Ladungen der beiden Elektroden einander anziehen und es dadurch auf beiden Elektroden zu einer ungleichmäßigen Ladungsverteilung kommt (Influenz), soll man der Einfachheit halber bei der Rechnung von einer gleichmäßigen Ladungsverteilung auf beiden Kugeln ausgehen.

Das Ergebnis dieser Berechnung gilt aber dann nur näherungsweise, allerdings umso besser, je größer das Verhältnis b/R wird.

1.12.2 Man bestimme die Kapazität der skizzierten Anordnung, ebenfalls unter der Voraussetzung b >> R.

1.13 Eine Schaltung (Bild 1.15) enthält fünf Kondensatoren.

1.13.1 Wie groß ist die Gesamtkapazität C_{AB} der Schaltung ?

1.13.2 Zwischen den Anschlußklemmen der Schaltung liegt die Spannung u_{AB}. Man berechne die Spannungen u_1, u_2, u_3, u_4 und u_5 .

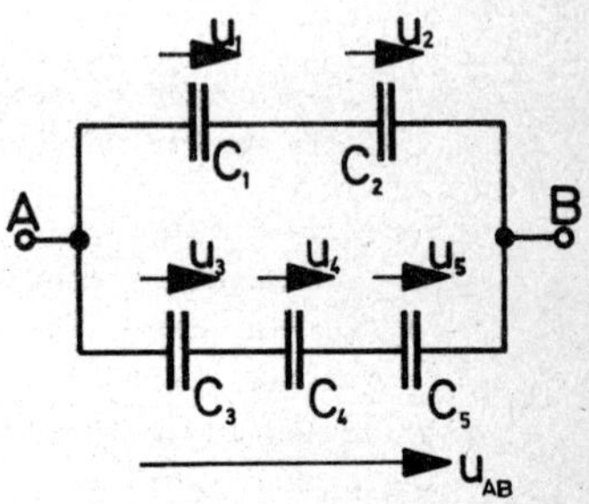

Bild 1.15
Parallel- und Reihenschaltung von Kondensatoren

1.14 Wie groß ist die Gesamtkapazität C_{AB} der Anordnung in Bild 1.16 ?

Man berechne C_{AB} allgemein und für die angegebenen Zahlenwerte.

$C_1 = 1\ \mu F$

$C_2 = 2\ \mu F$

$C_3 = 3\ \mu F$

$C_4 = 4\ \mu F$

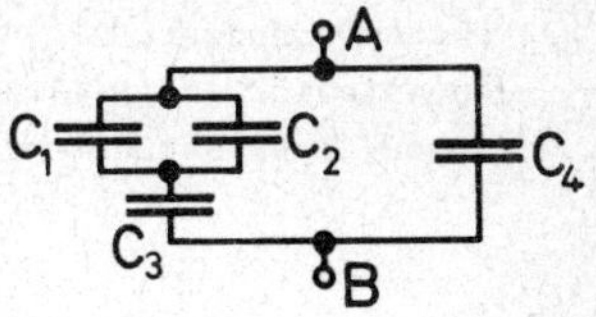

Bild 1.16
Parallel- und Reihenschaltung von Kondensatoren

1.15 Eine Schaltung besteht aus acht Kondensatoren mit gleicher Kapazität C. Man berechne die Gesamtkapazität der Schaltung (Bild 1.17).

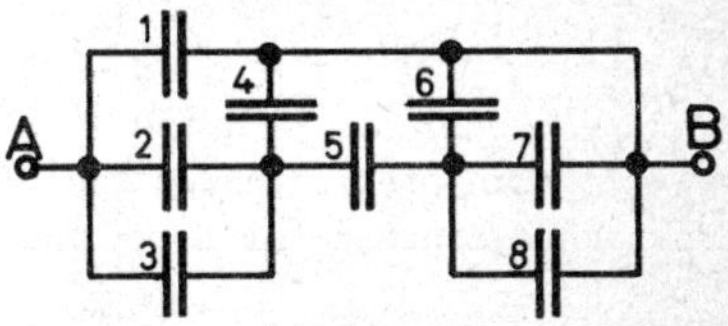

Bild 1.17
Parallel- und Reihenschaltung von Kondensatoren

1.16 Die nebenstehende Schaltung besteht aus acht Kondensatoren mit der gleichen Kapazität C (Bild 1.18).

Man berechne die Kapazität C_{AB} zwischen den Klemmen A und B.

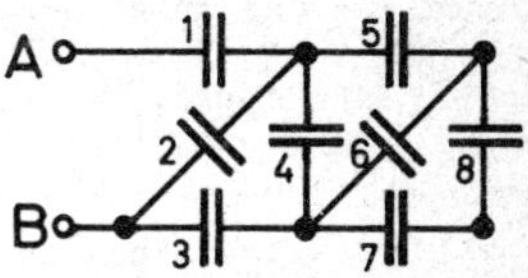

Bild 1.18
Kettenschaltung von Kondensatoren

1.17 Eine Schaltung (Bild 1.19) besteht aus neun Kondensatoren mit gleicher Kapazität C.

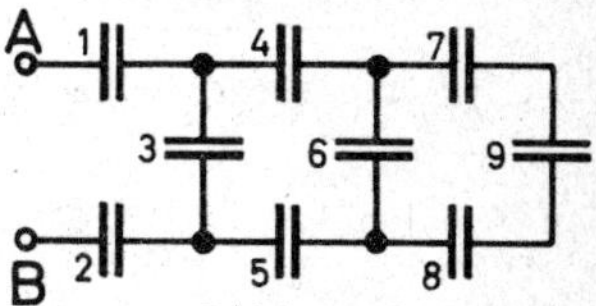

Bild 1.19
Kettenschaltung von Kondensatoren

1.17.1 Man berechne die Kapazität C_{AB} der Schaltung zwischen den Klemmen A und B.

1.17.2 Welchem Grenzwert C'_{AB} nähert sich der Wert C_{AB}, wenn die in Bild 1.19 dargestellte Kettenschaltung endlos fortgesetzt wird ?

LÖSUNGEN

1.1o Die Spannung zwischen beiden Elektroden ist

$$u_{02} = \frac{Q}{2\pi\varepsilon l} \ln \frac{r_2}{r_0} ,$$

die Spannung zwischen der inneren Elektrode und der gesuchten Äquipotentialfläche ist

$$u_{01} = \frac{Q}{2\pi\varepsilon l} \ln \frac{r_1}{r_0} .$$

Das Potential der gesuchten Äquipotentialfläche soll halb so groß wie dasjenige der äußeren Elektrode sein :

$$u_{01}/u_{02} = 1/2 .$$

Daraus folgt

$$\ln(r_1/r_0)/\ln(r_2/r_0) = 1/2$$

$$2 \ln(r_1/r_0) = \ln(r_2/r_0)$$

$$\ln[(r_1/r_0)^2] = \ln(r_2/r_0)$$

$$\boxed{r_1 = \sqrt{r_0 r_2}} .$$

1.11 *1.11.1* Für die Erregung im Zylinderkondensator gilt

$$D(r) = \frac{Q}{2\pi l r} ,$$

für die Feldstärke also

$$E(r) = \frac{Q}{2\pi\varepsilon l r} \quad .$$

Die Spannung zwischen den Elektroden ist

$$u = \int_{r_0}^{r_2} E\,dr = \frac{Q}{2\pi\varepsilon l} \ln \frac{r_2}{r_0} \quad .$$

Mit Hilfe dieser Gleichung eliminieren wir Q in der Gleichung für die Feldstärke :

$$E(r) = \frac{u}{r \ln \frac{r_2}{r_0}} \quad .$$

Diese Funktion hat ihr Maximum an der Stelle $r = r_0$:

$$E_0 = \frac{u}{r_0 \ln \frac{r_2}{r_0}} \quad .$$

1.11.2 Mit der Abkürzung $\eta = r_0/r_2$ (hierbei ist $0 < \eta < 1$) ist

$$E_0 = \frac{u}{r_2} \frac{1}{\eta \ln(1/\eta)} = - \frac{u}{r_2} \frac{1}{\eta \ln \eta} \quad .$$

Wir betrachten im folgenden, wie E_0 bei konstanter Spannung u und festem Radius r_2 von η abhängt, und stellen fest, daß E_0 für die möglichen Werte von η immer positiv ist. Verschwindet der Elektrodenabstand ($\eta \to 1$), so gilt $E_0 \to +\infty$. Für $r_0 \to 0$ ($\eta \to 0$) verschwindet der Krümmungsradius der inneren Elektrode, und deswegen gilt ebenfalls $E_0 \to +\infty$ (Spitzenwirkung).

Bei einem bestimmten Wert dazwischen (η_{opt}) erreicht also die stetige Funktion $E_0(\eta)$ ein Minimum.

Da der Zähler der Funktion

$$E_0(\eta) = \frac{u/r_2}{-\eta \ln \eta}$$

nicht von η abhängt, hat sie ihr Minimum dort, wo der Nenner sein Maximum hat. Es ist

$$\frac{d}{d\eta}(-\eta \ln \eta) = -\ln \eta - 1,$$

und aus der Bedingung

$$\left.\frac{d}{d\eta}(-\eta \ln\eta)\right|_{\eta=\eta_{opt}} = 0$$

erhält man

$$\ln \eta_{opt} = -1$$

$$\frac{r_0^{(opt)}}{r_2} = \eta_{opt} = e^{-1}$$

$$\boxed{r_0^{(opt)} = r_2/e}\ .$$

1.12 *1.12.1* Es ergibt sich entsprechend wie in Aufgabe 1.5 für die elektrische Feldstärke auf der x-Achse

$$\boxed{E_x \approx \frac{Q}{4\pi\varepsilon_0}\left[\frac{1}{(a+x)^2} + \frac{1}{(a-x)^2}\right]}\ . \qquad (1.9)$$

Diese Gleichung gilt nur näherungsweise, weil hierbei gleichmäßige Ladungsverteilung auf den Elektroden vorausgesetzt wird.

1.12.2 Die Spannung zwischen beiden Elektroden ergibt sich aus der Integration der durch Gleichung (1.9) beschriebenen

Feldstärke E_x längs eines Weges zwischen den beiden Elektroden. Am einfachsten wird die Integration, wenn man als Integrationsweg die x-Achse zwischen den Werten R - a und a - R wählt :

$$u = \int_{R-a}^{a-R} E_x dx \approx \frac{Q}{4\pi\varepsilon_0} \int_{R-a}^{a-R} \left[\frac{1}{(a+x)^2} + \frac{1}{(a-x)^2}\right] dx$$

$$u \approx \frac{Q}{4\pi\varepsilon_0}\left[- \frac{1}{a+x} + \frac{1}{a-x}\right]_{R-a}^{a-R}$$

$$u \approx \frac{Q}{2\pi\varepsilon_0}\left[\frac{1}{R} - \frac{1}{2a-R}\right] = \frac{Q}{2\pi\varepsilon_0 R}\,\frac{2a-2R}{2a-R} .$$

Die Kapazität der in Bild 1.14 dargestellten Anordnung ergibt sich dann aus der Definition C = Q/u :

$$\boxed{C \approx 2\pi\varepsilon_0 R\,\frac{2a-R}{2a-2R}} .$$

Wegen 2a >> R kann auch geschrieben werden

$$\boxed{C \approx 2\pi\varepsilon_0 R} .$$

1.13 *1.13.1* Die Kondensatoren C_1 und C_2 sind in Reihe geschaltet und haben zusammen die Kapazität

$$C' = \frac{1}{1/C_1 + 1/C_2} = \frac{C_1C_2}{C_1 + C_2} .$$

Die Kondensatoren C_3, C_4 und C_5 sind ebenfalls in Reihe geschaltet und haben zusammen die Kapazität

$$C'' = \frac{1}{1/C_3 + 1/C_4 + 1/C_5} = \frac{C_3C_4C_5}{C_3C_4 + C_4C_5 + C_5C_3} .$$

Aus der Parallelschaltung zweier Kondensatoren C' und C" ergibt sich die Kapazität C_{AB} :

$$C_{AB} = C' + C''$$

$$\boxed{C_{AB} = \frac{C_1 C_2}{C_1 + C_2} + \frac{C_3 C_4 C_5}{C_3 C_4 + C_4 C_5 + C_5 C_3}} \; .$$

1.13.2 Auf den Kondensatoren C_1 und C_2 befinden sich gleich große Ladungen :

$$Q_1 = Q_2 = C_1 u_1 = C_2 u_2 \; .$$

Daraus folgt :

$$u_1 = \frac{C_2}{C_1} u = \frac{C_2}{C_1} (u_{AB} - u_1)$$

$$u_1 (1 + C_2/C_1) = u_{AB} \; C_2/C_1$$

$$\boxed{u_1 = \frac{C_2}{C_1 + C_2} u_{AB}} \; .$$

Auf die gleiche Weise erhalten wir für die Spannungen an den vier anderen Kondensatoren :

$$\boxed{u_2 = \frac{C_1}{C_1 + C_2} u_{AB}} \qquad \boxed{u_3 = \frac{C_4 C_5}{C_3 C_4 + C_4 C_5 + C_5 C_3} u_{AB}}$$

$$\boxed{u_4 = \frac{C_3 C_5}{C_3 C_4 + C_4 C_5 + C_5 C_3} u_{AB}} \qquad \boxed{u_5 = \frac{C_3 C_4}{C_3 C_4 + C_4 C_5 + C_5 C_3} u_{AB}}$$

1.14 Die parallelgeschalteten Kondensatoren C_1 und C_2 können zu einem Kondensator mit der Kapazität

$$C' = C_1 + C_2$$

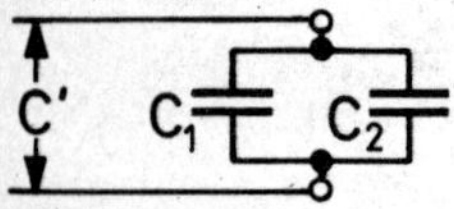

Bild 1.20
Parallelschaltung von C_1 und C_2

zusammengefaßt werden. In Reihe zu diesem Kondensator liegt C_3 ; diese Reihenschaltung hat die Kapazität C" :

$$\frac{1}{C''} = \frac{1}{C'} + \frac{1}{C_3}$$

$$C'' = \frac{C'C_3}{C'+C_3} \quad .$$

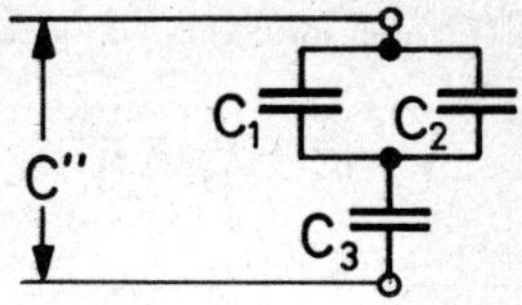

Bild 1.21
Reihenschaltung von
C' und C_3

Zu C" wird C_4 parallelgeschaltet, die gesamte Schaltung hat also zwischen den Klemmen A und B die Kapazität

$$C_{AB} = C'' + C_4$$

$$\boxed{C_{AB} = \frac{(C_1+C_2)C_3}{C_1+C_2+C_3} + C_4}$$

Mit den angegebenen Zahlenwerten wird

$$C_{AB} = \frac{(1+2)3}{1+2+3}\ \mu F + 4\,\mu F$$

$$\boxed{C_{AB} = 5{,}5\ \mu F} \; .$$

1.15 Die Kondensatoren 6, 7 und 8 sind parallelgeschaltet und wirken wie ein Kondensator mit der Kapazität

$$C_1 = 3\ C \quad .$$

Hierzu in Reihe liegt der Kondensator 5. Für diese Reihenschaltung gilt

$$\frac{1}{C_2} = \frac{1}{C_1} + \frac{1}{C} = \frac{1}{3C} + \frac{1}{C} = \frac{4}{3C}$$

$$C_2 = \frac{3}{4}\,C \quad .$$

Parallel zu C_2 liegt der Kondensator 4. Für diese Parallelschaltung gilt

$$C_3 = C_2 + C = \frac{7}{4} C \quad .$$

In Reihe zu C_3 liegt die Parallelschaltung der Kondensatoren 2 und 3, und es gilt für diese Reihenschaltung

$$\frac{1}{C_4} = \frac{1}{C_3} + \frac{1}{2C} = \frac{4}{7C} + \frac{1}{2C} = \frac{15}{14C}$$

$$C_4 = \frac{14}{15} C \ .$$

Die Gesamtkapazität ergibt sich als Parallelschaltung des Kondensators 1 mit C_4 :

$$C_{AB} = C_4 + C$$

$$\boxed{C_{AB} = \frac{29}{15} C} \ .$$

1.16 Wie in der Aufgabe 1.14 so können auch hier parallel- und reihengeschaltete Teile schrittweise zusammengefaßt werden:

Kondensatoren	Kapazität
7,8	$\frac{1}{2}$ C
6,7,8	$\frac{3}{2}$ C
5,6,7,8	$\frac{3}{5}$ C
4,5,6,7,8	$\frac{8}{5}$ C
3,4,5,6,7,8	$\frac{8}{13}$ C
2,3,4,5,6,7,8	$\frac{21}{13}$ C
1,2,3,4,5,6,7,8	$\boxed{\frac{21}{34} C = C_{AB}}$

1.17 *1.17.1* Auch in diesem Beispiel kann die Gesamtkapazität auf Reihen- und Parallelschaltungen von Schaltungsteilen wie in der Aufgabe 1.14 zurückgeführt werden :

Kondensatoren	Kapazität
7,8,9	$C_2 = \frac{1}{3}\,C$
6,7,8,9	$C_3 = \frac{4}{3}\,C$
4,5,6,7,8,9	$C_4 = \frac{4}{11}\,C$
3,4,5,6,7,8,9	$C_5 = \frac{15}{11}\,C$
1,2,3,4,5,6,7,8,9	$C_6 = \boxed{\frac{15}{41}\,C = C_{AB}} \approx 0{,}36585\ C$

1.17.2 Die Kapazität C_6 hängt mit der Kapazität C_4 folgendermaßen zusammen :

$$\frac{1}{C_6} = \frac{2}{C} + \frac{1}{C_4+C}\ ,$$

wie aus Bild 1.22 ersichtlich ist.

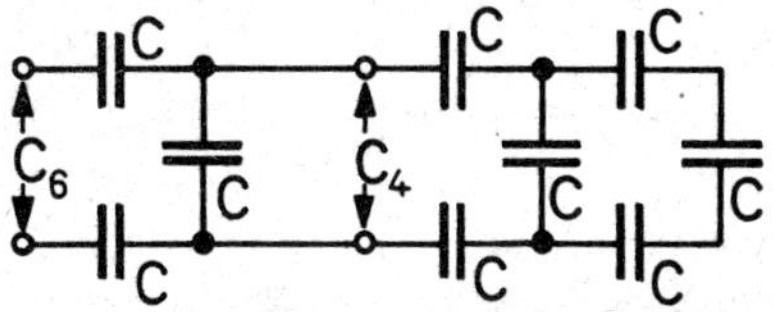

Bild 1.22
Zur Berechnung des Grenzwertes der Kapazität einer Kettenschaltung

Allgemein gilt für eine Kettenschaltung mit der gegebenen Struktur

$$\frac{1}{C_{2(\nu+1)}} = \frac{2}{C} + \frac{1}{C_{2\nu}+C} \qquad (\text{für } \nu = 1,2,3,\ldots) \qquad (1.10)$$

Verlängert man die Kettenschaltung, so erhöht sich die Gesamtkapazität C_{AB} mit wachsender Gliederzahl ν immer weniger. Macht man die Kette unendlich lang, so muß schließlich gelten

$$\frac{1}{C_{2(\nu+1)}} = \frac{1}{C_{2\nu}} = \frac{1}{C'_{AB}} \quad ,$$

und wegen Gleichung (1.10) gilt dann

$$\frac{1}{C'_{AB}} = \frac{2}{C} + \frac{1}{C'_{AB} + C} \quad .$$

Dies ist eine quadratische Bestimmungsgleichung für C'_{AB}, und es ergibt sich daraus

$$\boxed{C'_{AB} = \frac{\sqrt{3}-1}{2}\, C} \approx 0{,}36602\; C.$$

Dieser Wert wird durch die Kapazität der gegebenen Schaltung mit drei Gliedern (neun Kondensatoren) schon mit einer Abweichung, die geringer als 1 % ist, erreicht.

c. Kräfte und Energie im elektrischen Feld

AUFGABEN

1.18 Die mit der Ladung Q geladenen Platten eines Plattenkondensators (die Plattenfläche A und die Dielektrizitätskonstante ε sind bekannt) ziehen einander mit der Kraft F an.

1.18.1 Man leite aus dem Gesetz $\vec{F} = Q\vec{E}$ eine Gleichung ab, die den Zusammenhang zwischen der Kraft F auf die Kondensatorplatten und den Größen Q, A und ε angibt.

1.18.2 Man beweise, daß für den Energieinhalt eines Kondensators die Gleichung

$$W = \frac{1}{2}\, uQ$$

gilt.

1.19 Zwischen den beiden Elektroden eines Plattenkondensators liegt eine konstante Spannung $u = 1$ kV. Die beiden Kondensatorplatten haben den Abstand $d = 5$ mm, in dem Raum zwischen beiden Platten befindet sich Luft.

Man forme die Gleichung für die im Kondensator gespeicherte Energie so in eine zugeschnittene Größengleichung um, daß sich die Energie W in Nm ergibt, wenn die Fläche A_0 der Kondensatorplatten in cm^2 eingesetzt wird.

$$\varepsilon_0 = 8{,}854 \cdot 10^{-12}\ \mathrm{As/Vm} \quad .$$

1.20 In einem elektrischen Feld wird die elektrische Erregung vom Wert 0 auf den Wert D_1 gebracht. Für die Energiedichte gilt dann

$$w = \int_0^{D_1} E\,dD \quad .$$

Dies leite man aus der Beziehung für die Kraft auf eine in ein elektrisches Feld eingebrachte Ladung her.
Hierbei soll beachtet werden, daß das Feld in hinreichend kleinen Gebieten als homogen angesehen werden kann, so daß dann wie in einem Plattenkondensator gilt

$$w = W/\Delta V, \qquad E = U/\Delta s, \qquad D = Q/\Delta A \quad ,$$

wobei

$$\Delta V = \Delta s \cdot \Delta A$$

das Volumen des Plattenkondensators bezeichnet.

1.21 Ein Plattenkondensator liegt an einer Spannungsquelle mit der konstanten Spannung u. Die Kondensatorplatten haben die Fläche A und den Abstand d. Wie groß ist die auf die Platten wirkende Kraft in Abhängigkeit vom Abstand d ?

1.22 Gegeben sind die konstante Spannung u, die Dielektrizitätskonstante ε und die Elektrodenradien r_1 und r_2 eines Kugelkondensators. Wie hängt in diesem Kondensator die Energiedichte w von den gegebenen Parametern und vom Radius r ab ?

1.23 Eine Schaltung besteht aus den beiden Kondensatoren C_1 und C_2 und dem Schalter S (Bild 1.23).

1.23.1 Der Schalter ist zunächst geöffnet; hierbei ist C_2 ungeladen und C_1 enthält die Ladung Q_1 . Wie groß ist die Energie W_1 , die im Kondensator C_1 gespeichert wird ?

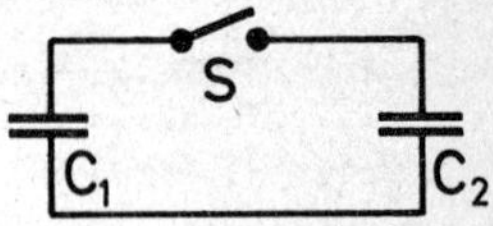

Bild 1.23
Abgabe von Ladung eines Kondensators an einen anderen

1.23.2 Der Schalter wird geschlossen.
Wie groß ist die Energie W_2 , die danach in beiden Kondensatoren gespeichert ist ?
Man gebe an, wie die Energie W_2 von den Kapazitäten C_1 und C_2 und von der in 1.23.1 berechneten Energie W_1 abhängt.

LÖSUNGEN

1.18 *1.18.1* Im Kraftgesetz

$$\vec{F} = Q_2\vec{E}_1$$

bezeichnet $\vec{F}$ die Kraft, die auf die Ladung Q_2 im Feld mit der Feldstärke $\vec{E}_1$ ausgeübt wird. Hierbei ist $\vec{E}_1$ die Feldstärke <u>vor</u> dem Einbringen der Ladung Q_2 in das Feld, in unserem Falle also das Feld einer einzelnen Platte.

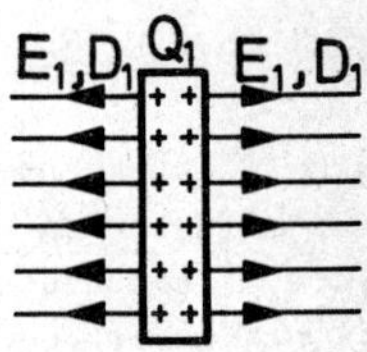

Bild 1.24
Feld in der Nähe einer einzelnen Platte

In der Nähe dieser Platte ist das von der Ladung Q_1 erzeugte Feld nahezu homogen (Bild 1.24). Es gilt :

$$D_1 = \frac{|Q_1|}{2A} \quad \text{und} \quad E_1 = \frac{|Q_1|}{2\varepsilon A} \quad ,$$

also

$$F = \frac{|Q_1 Q_2|}{2\varepsilon A} \quad .$$

Hierbei bezeichnet A die Fläche der Kondensatorplatten. Da beim Kondensator die Ladungen beider Platten von gleichem Betrag sind, gilt mit

$$|Q_1| = |Q_2| = Q$$

für den Betrag der Kraft einfach

$$\boxed{F = \frac{Q^2}{2\varepsilon A}} \quad . \qquad (1.11)$$

1.18.2 Nähern sich die Platten einander bei konstanter Ladung, so bleibt hierbei die Kraft konstant :

$$F = \frac{Q^2}{2\varepsilon A} = \text{konst.}$$

Bezeichnet d den Plattenabstand, so wird also beim völligen Zueinanderrücken der Platten die mechanische Energie

$$W = \int_0^d F ds = Fd = \frac{1}{2} \frac{Qd}{\varepsilon A} \cdot Q$$

$$\boxed{W = \frac{1}{2} uQ} \qquad (1.12)$$

abgegeben. Diese Energie war vorher als elektrische Energie im Kondensator gespeichert.

1.19 Im Kondensator ist die Energie

$$W = \frac{1}{2} Cu^2 = \frac{1}{2} \varepsilon_0 \frac{A}{d} u^2$$

gespeichert. Hierein setzen wir die gegebenen Zahlenwerte und erhalten

$$W = \frac{1}{2}\, 8{,}854\cdot 1o^{-12}\, \frac{As}{Vm} \cdot \frac{A_0}{o{,}5\ cm} \cdot 1o^6 V^2$$

$$W = \frac{8{,}854}{2} \cdot 1o^{-12} \cdot \frac{1o^6}{5o} \cdot \frac{A_0}{cm^2}\, VAs$$

$$\boxed{W = 8{,}854 \cdot 1o^{-8}\, \frac{A_0}{cm^2} \cdot Nm} \; .$$

1.2o Für eine im Kondensatorfeld verschobene kleine Ladung ΔQ gilt

$$\vec{F} = \Delta Q \vec{E} \; .$$

Die Ladung ΔQ soll so klein sein, daß wir ihren Einfluß auf die Gesamtladung Q des Kondensators und damit seine Spannung nicht berücksichtigen müssen.

Wenn die Ladung Q des Kondensators um ΔQ vergrößert werden soll, so muß ΔQ den ganzen Weg zwischen den Elektroden 1 und 2 des Kondensators zurücklegen. Für die Energie, die hierzu aufgebracht werden muß, schreiben wir deshalb

$$\Delta W = \Delta Q \int_1^2 \vec{E}\cdot d\vec{s} = u\Delta Q \; .$$

Ein Kondensator, dessen Ladung vom Wert o auf den Wert Q_1 gebracht wird, muß also folgende Energie aufnehmen :

$$W = \int_o^{Q_1} u dQ \; .$$

Der Kondensator hat damit die Energiedichte

$$w = \frac{W}{\Delta V} = \int_{Q=o}^{Q=Q_1} \frac{u}{\Delta s} \cdot d\left(\frac{Q}{\Delta A}\right) = \int_{D=o}^{D=D_1} EdD$$

aufgenommen.

1.21 Aus der Aufgabe 1.18 übernehmen wir das Ergebnis (1.11):

$$F = \frac{Q^2}{2\varepsilon A}$$

Mit

$$Q = AD = A\varepsilon u/d$$

wird daraus

$$F = \frac{A^2\varepsilon^2u^2}{2\varepsilon Ad^2}$$

$$\boxed{F = \frac{\varepsilon Au^2}{2} \cdot \frac{1}{d^2}} \quad . \qquad (1.13)$$

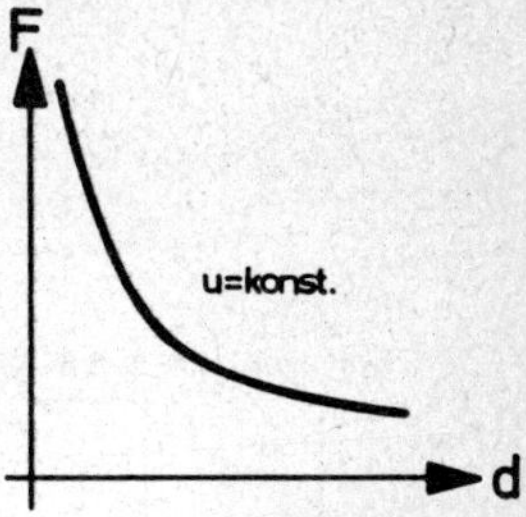

Bild 1.25
Abhängigkeit der Kraft vom Plattenabstand

In Bild 1.25 wird die Kraft als Funktion des Plattenabstandes (bei konstanter Spannung) graphisch dargestellt.

1.22 Die Dichte der Energie, die aus dem elektrischen Feld des Kondensators zurückgewonnen werden kann, ist

$$w = \frac{1}{2}\,\varepsilon E^2 \quad . \qquad (1.14)$$

Hierbei gilt im Kugelkondensator (d.h. für $r_1 < r < r_2$)

$$D = \frac{Q}{4\pi r^2} \, ,$$

also

$$E = D/\varepsilon = \frac{Q}{4\pi\varepsilon r^2} \quad . \qquad (1.15)$$

Die Spannung zwischen beiden Elektroden ergibt sich aus der Integration der Feldstärke :

$$u = \int_{r_1}^{r_2} E\,dr = \frac{Q}{4\pi\varepsilon}\int_{r_1}^{r_2}\frac{dr}{r^2} = \frac{Q}{4\pi\varepsilon}\cdot\left(\frac{1}{r_1} - \frac{1}{r_2}\right) \quad .$$

Daraus folgt

$$\frac{Q}{4\pi\varepsilon} = \frac{u}{1/r_1 - 1/r_2} \quad . \tag{1.16}$$

Setzt man die Gleichung (1.16) in (1.15) ein, so ergibt sich für die Feldstärke

$$E = \frac{u}{1/r_1 - 1/r_2} \cdot \frac{1}{r^2} \quad .$$

Setzt man dies in die Gleichung (1.14) ein, so wird

$$\boxed{w = \frac{1}{2}\,\varepsilon \left[\frac{u}{1/r_1 - 1/r_2}\right]^2 \cdot \frac{1}{r^4}} \quad .$$

1.23 *1.23.1* In einem Kondensator ist die Energie

$$W = \frac{1}{2}\,uQ = \frac{1}{2}\,\frac{Q^2}{C}$$

gespeichert, es gilt also hier

$$\boxed{W_1 = \frac{1}{2}\,\frac{Q_1^2}{C_1}} \quad .$$

1.23.2 Nach dem Schließen des Schalters stellt sich an beiden Kondensatoren die gleiche Spannung ein (Parallelschaltung). Die Ladung Q_1 verteilt sich jetzt also auf die beiden Kondensatoren, die nun wie ein einziger Kondensator mit der Kapazität $C_1 + C_2$ wirken. Die Energie auf beiden Kondensatoren ist

$$W_2 = \frac{1}{2}\,\frac{Q_1^2}{C_1 + C_2} = \frac{1}{2}\,\frac{Q_1^2}{C_1}\,\frac{C_1}{C_1 + C_2}$$

$$\boxed{W_2 = \frac{C_1}{C_1 + C_2}\,W_1} \quad .$$

Anmerkung

Im Fall $C_1 = C_2$ beispielsweise nimmt die gespeicherte Energie beim Schließen des Schalters auf die Hälfte ab, und zwar unabhängig da-

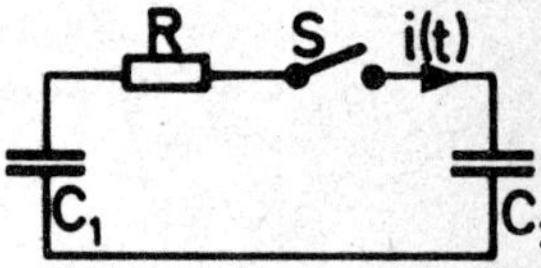

Bild 1.26
Entladung über einen Widerstand

davon, wie groß ein beim Ladungsausgleich möglicherweise wirksamer Leitungswiderstand R ist (Bild 1.26).
In einer Aufgabe zu Grundlagen der Elektrotechnik IV wird bestätigt, daß die Energiedifferenz $W_1 - W_2$ gleich der Verlustenergie im Widerstand R ist, und zwar ebenfalls unabhängig von der Größe des Widerstandes.

d. Das elektrische Feld an Grenzflächen; Kräfte an Grenzflächen

AUFGABEN

1.24 Gegeben sind die Dielektrizitätskonstanten ε_1 und ε_2 beiderseits einer dielektrischen Grenzebene, sowie die elektrische Feldstärke $\vec{E}_1$ durch ihren Betrag E_1 und ihren Winkel α_1 gegen die Normale der Grenzebene.

1.24.1 Wie groß sind der Betrag E_2 und der Winkel α_2 der elektrischen Feldstärke $\vec{E}_2$?

1.24.2 Wie groß ist - ausgedrückt durch die Größen ε_1, ε_2, E_1 und α_1 - die Energiedichte w_2 im Medium mit der Dielektrizitätskonstanten ε_2?

1.24.3 Gegeben sind ε_1 und ε_2 .
Wie groß muß $\tan \alpha_1$ sein, damit die Energiedichten in beiden Medien gleich groß sind ?

1.24.4 Man berechne E_2 und α_2 für folgende Zahlenwerte :

$$E_1 = \sqrt{2}\ \text{V/cm},\ \alpha_1 = \pi/4 \text{ und } \varepsilon_1 = \sqrt{3}\varepsilon_2 .$$

Man skizziere den Verlauf der Feldlinien der elektrischen Feldstärke und der elektrischen Erregung beiderseits der Grenzebene. (Die Dichte der Feldlinien ist ein Maß für den Betrag der Feldstärke bzw. der Erregung).

1.24.5 Welcher Zahlenwert ergibt sich in 1.24.3 für α_1 , wenn $\varepsilon_1/\varepsilon_2 = 3$ ist ?

1.25 Welcher Druck wirkt auf eine dielektrische Grenzebene, wenn $E_1 = 2$ V/cm, $\alpha_1 = \pi/3$, $\varepsilon_1 = 3\,\varepsilon_0$ und $\varepsilon_2 = \varepsilon_0$ ist ?

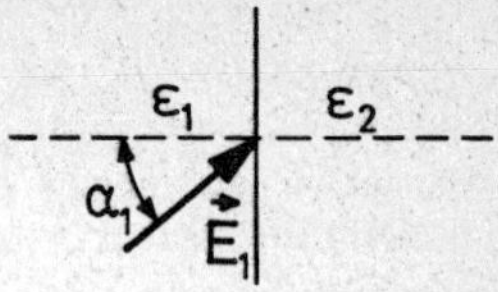

Bild 1.27
Zur Berechnung der Feldgrößen beiderseits einer Grenzebene

1.26 Man forme die Gleichung für den Druck auf die Grenzflächen zweier Dielektrika mit den Dielektrizitätskonstanten $\varepsilon_1 = 4\varepsilon_0$ und $\varepsilon_2 = 2\varepsilon_0$ so in eine zugeschnittene Größengleichung um, daß sich der Druck in der Einheit mp/cm² ergibt, wenn die Feldstärken $\vec{E}_1$ und $\vec{E}_2$ in der Einheit kV/m eingesetzt werden.

1.27 Gegeben ist ein Zylinderkondensator mit den Elektrodenradien r_1, r_2 . Der Kondensator hat die Länge l. Das Dielektrikum ist in der skizzierten Art unterteilt; die eine Hälfte des Dielektrikums hat die D.K. ε_1, die andere hat die D.K. ε_2. Zwischen den beiden Elektroden besteht die Spannung u.

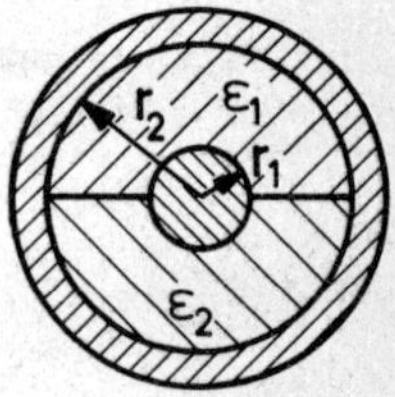

Bild 1.28
Zylinderkondensator mit radial geschichtetem Dielektrikum

1.27.1 Man berechne die elektrische Feldstärke und die elektrische Erregung in beiden Medien.

1.27.2 Welche Kraft wirkt auf die Grenzfläche zwischen beiden Hälften des Dielektrikums ?

1.28 Gegeben ist ein Zylinderkondensator mit den Elektrodenradien r_1 und r_2 . Der Kondensator hat die Länge l. Das Dielektrikum ist in der skizzierten Art unterteilt. Die Dielektrika in den einzelnen Bereichen haben die Dielektrizitätskonstanten ε_1, ε_2 und ε_3. Zwischen beiden Elektroden liegt die Spannung u.

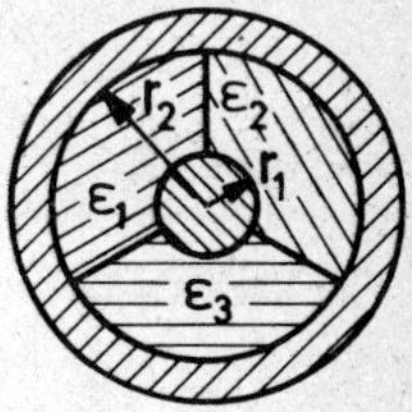

Bild 1.29
Zylinderkondensator mit radial geschichtetem Dielektrikum

1.28.1 Man berechne die elektrische Feldstärke und die elektrische Erregung in den drei Abschnitten des Dielektrikums.

1.28.2 Man berechne die Kapazität des Zylinderkondensators.

1.28.3 Welche Kräfte wirken auf die Grenzflächen zwischen den einzelnen Abschnitten des Dielektrikums ?

1.28.4 Wie groß ist die im Kondensator gespeicherte elektrische Energie ?

LÖSUNGEN

1.24 *1.24.1* Die Tangentialkomponenten der elektrischen Feldstärke beiderseits der Trennfläche sind gleich,

$$E_t = E_{t2} = E_{t1} = E_1 \sin\alpha_1, \quad (1.17)$$

und die Normalkomponenten der elektrischen Erregung sind gleich :

$$D_{n2} = D_{n1} .$$

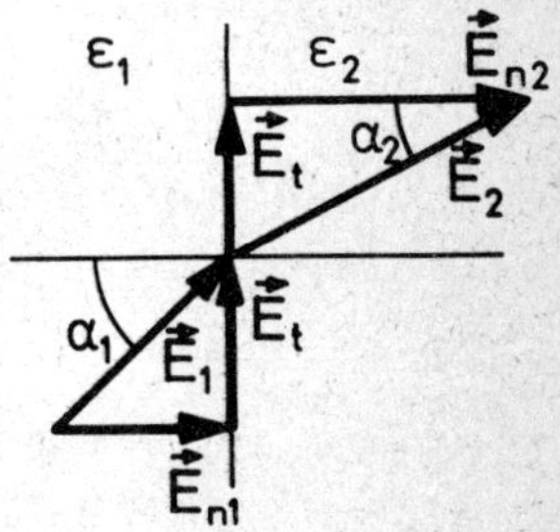

Bild 1.3o
Die elektrische Feldstärke beiderseits einer Grenzebene

Daraus folgt

$$\varepsilon_2 E_{n2} = \varepsilon_1 E_{n1} = \varepsilon_1 E_1 \cos\alpha_1 \tag{1.18}$$

$$E_{n2} = \frac{\varepsilon_1}{\varepsilon_2} E_1 \cos\alpha_1 \ . \tag{1.19}$$

Wegen

$$E_2 = \sqrt{E_{t2}^2 + E_{n2}^2}$$

wird dann

$$\boxed{E_2 = E_1 \sqrt{\sin^2\alpha_1 + \left(\frac{\varepsilon_1}{\varepsilon_2} \cos\alpha_1\right)^2}} \ . \tag{1.2o}$$

Außerdem ist

$$\tan\alpha_2 = E_{t2}/E_{n2} = \frac{E_1 \sin\alpha_1}{\frac{\varepsilon_1}{\varepsilon_2} E_1 \cos\alpha_1} = \frac{\varepsilon_2}{\varepsilon_1} \tan\alpha_1 \tag{1.21}$$

$$\boxed{\alpha_2 = \text{arc tan} \left[\frac{\varepsilon_2}{\varepsilon_1} \tan\alpha_1\right]} \ .$$

1.24.2 Für die Energiedichte im Medium 2 gilt

$$w_2 = \frac{1}{2} \varepsilon_2 E_2^2$$

$$\boxed{w_2 = \frac{1}{2} \varepsilon_2 E_1^2 \left[\sin^2\alpha_1 + \left(\frac{\varepsilon_1}{\varepsilon_2} \cos\alpha_1\right)^2\right]} \ . \tag{1.22}$$

1.24.3 Für die Energiedichte im Medium 1 gilt

$$w_1 = \frac{1}{2} \varepsilon_1 E_1^2 \ . \tag{1.23}$$

Da $w_1 = w_2$ sein soll, gilt mit den Gleichungen (1.22) und (1.23)

$$\frac{1}{2} \varepsilon_1 E_1^2 = \frac{1}{2} \varepsilon_2 E_1^2 \left[\sin^2\alpha_1 + \left(\frac{\varepsilon_1}{\varepsilon_2} \cos\alpha_1\right)^2\right] ,$$

und mit der Abkürzung $\eta = \varepsilon_1/\varepsilon_2$ wird

$$\eta = \sin^2\alpha_1 + \eta^2 \cos^2\alpha_1$$

$$\frac{1}{\cos^2\alpha_1} = \frac{\tan^2\alpha_1}{\eta} + \eta \ . \tag{1.24}$$

Wegen

$$1 = \sin^2\alpha_1 + \cos^2\alpha_1$$

$$\frac{1}{\cos^2\alpha_1} = \tan^2\alpha_1 + 1$$

ergibt sich dann

$$\tan^2\alpha_1 + 1 = \frac{1}{\eta}\tan^2\alpha_1 + \eta .$$

In dem trivialen Fall $\eta = 1$ ist also α_1 beliebig, und für $\eta \neq 1$ gilt

$$\tan^2\alpha_1 = \frac{\eta-1}{1-1/\eta} = \eta$$

$$\boxed{\tan\alpha_1 = \sqrt{\varepsilon_1/\varepsilon_2}}\,. \qquad (1.25)$$

Anmerkung

Wenn die Bedingung (1.25) erfüllt ist, ergibt sich zwar in beiden Medien voraussetzungsgemäß die gleiche Energiedichte, aber trotzdem wirkt auf die Grenzfläche ein Druck, falls $\varepsilon_1 \neq \varepsilon_2$ ist.

1.24.4 Setzt man die gegebenen Zahlenwerte in die Gleichung (1.2o) ein, so erhält man

$$E = \sqrt{2}\,\frac{V}{cm}\sqrt{\sin^2\frac{\pi}{4} + 3\cos^2\frac{\pi}{4}} = \sqrt{2}\,\frac{V}{cm}\sqrt{\frac{1}{2} + \frac{3}{2}}$$

$$\boxed{E = 2V/cm}\,,$$

und aus Gleichung (1.21) folgt

$$\alpha_2 = \text{arc tan}\left[\frac{1}{\sqrt{3}}\tan\frac{\pi}{4}\right] = \text{arc tan}\left[\frac{1}{\sqrt{3}}\right]$$

$$\boxed{\alpha_2 = \pi/6}\,.$$

Das Bild 1.31 zeigt den Verlauf der Feldlinien für die gegebenen Zahlenwerte. Das Erregungsfeld wird an der Grenzfläche zwar gebrochen, verläuft aber sonst kontinuierlich (im Gegensatz zu den Feldlinien der elektrischen Feldstärke $\vec{E}$).

1.24.5 Wenn die Energiedichte in beiden Medien gleich groß sein soll, dann ergibt sich aus Gleichung (1.25)

$$\tan \alpha_1 = \sqrt{3}$$

$$\boxed{\alpha_1 = \pi/3} \ .$$

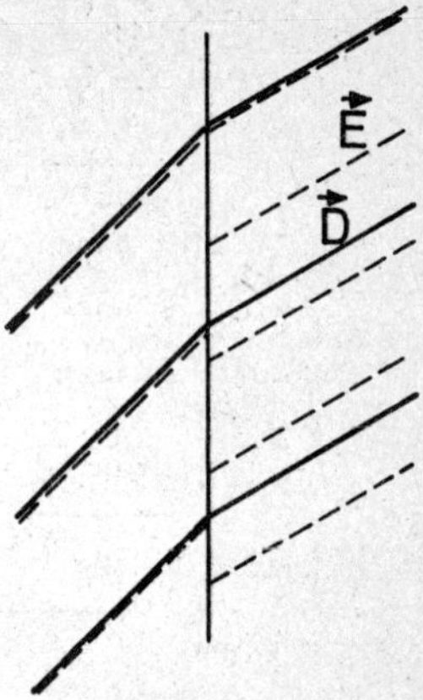

Bild 1.31
Brechung der Erregungslinien und Unterbrechung der Feldstärke-Linien durch eine Grenzebene

1.25 Wir verwenden auch in dieser Aufgabe die Bezeichnungen des Bildes 1.3o. Für den Druck, der vom Medium 1 zum Medium 2 hin positiv gezählt wird, gilt die Beziehung

$$\sigma = \frac{1}{2}(\varepsilon_1 - \varepsilon_2)(E_t^2 + E_{1n}E_{2n}) \ . \qquad (1.26)$$

Hierin ersetzen wir E_t, E_{1n} und E_{2n} mit Hilfe der Gleichungen (1.17) und (1.18) :

$$\boxed{\sigma = \frac{1}{2}(\varepsilon_1 - \varepsilon_2)E_1^2(\sin^2\alpha_1 + \frac{\varepsilon_1}{\varepsilon_2}\cos^2\alpha_1)} \ . \qquad (1.27)$$

Mit den angegebenen Zahlenwerten wird

$$\sigma = \frac{1}{2}(3\varepsilon_0 - \varepsilon_0)E_1^2(\frac{3}{4} + 3\cdot\frac{1}{4}) = \frac{3}{2}\,\varepsilon_0 E_1^2$$

$$\sigma = \frac{3}{2}\,\frac{8{,}854\cdot 1o^{-12}\,As}{Vm}\cdot\frac{4V^2}{1o^{-4}\,m^2} = 53{,}2\cdot 1o^{-8}\,\frac{Ws}{m^3}$$

$$\boxed{\sigma = 5{,}43\cdot 1o^{-2}\,\frac{mp}{m^2}}$$

1.26 Der vom Medium 1 zum Medium 2 hin positiv gezählte Druck kann durch das S k a l a r p r o d u k t der beiden Feldstärkevektoren und die Differenz der Influenzkonstanten ausgedrückt werden :

$$\sigma = \frac{1}{2}\,(\varepsilon_1 - \varepsilon_2)\vec{E}_1\cdot\vec{E}_2\,. \tag{1.28}$$

Wegen $\varepsilon_1 = 2\varepsilon_0$ und $\varepsilon_2 = 4\varepsilon_0$ wird daraus

$$\sigma = \frac{1}{2}\,(4\varepsilon_0 - 2\varepsilon_0)\vec{E}_1\cdot\vec{E}_2 = \varepsilon_0\vec{E}_1\cdot\vec{E}_2\,.$$

Dividiert man beide Seiten dieser Gleichung durch die gewünschte Einheit mp/cm², so entsteht

$$\frac{\sigma}{mp/cm^2} = \frac{8{,}854\cdot 1o^{-12}\,As}{Vm}\cdot\frac{\vec{E}_1\cdot\vec{E}_2}{mp/cm^2}\,,$$

und mit

$$1\ mp = 9{,}81\cdot 1o^{-6}\,\frac{VAs}{m}$$

wird hieraus

$$\frac{\sigma}{mp/cm^2} = \frac{8{,}854\cdot 1o^{-12}\,As}{Vm}\cdot\frac{\vec{E}_1\cdot\vec{E}_2\,m}{9{,}81\cdot 1o^{-6}\,VAs/cm^2}$$

$$\boxed{\frac{\sigma}{mp/cm^2} = o{,}9o3\cdot 1o^{-4}\left[\frac{\vec{E}_1}{kV/m}\right]\cdot\left[\frac{\vec{E}_2}{kV/m}\right]}\,.$$

1.27 *1.27.1* Durch die Unterteilung des Dielektrikums wird die Zylindersymmetrie des Feldes gestört. Trotzdem gehen wir davon aus, daß die Feldlinien auch hier wie bei einem einfachen Zylinderkondensator radial verlaufen. Aus dieser Annahme folgt zwangsläufig, daß die elektrische Feldstärke in beiden Dielektrika gleich ist :

$$E_1(r) = E_2(r) = E(r) \ . \tag{1.29}$$

Hierdurch wird die Bedingung (1.17) für die Tangentialkomponenten an der Grenzfläche zwischen den beiden Dielektrika erfüllt. Die Feldlinien des radialen Feldes erfüllen außerdem eine zweite Bedingung : sie stehen senkrecht auf den Äquipotentialflächen, die durch die beiden Elektroden gebildet werden. Da durch den angenommenen radialen Feldverlauf alle Randbedingungen erfüllt werden, erweist sich der zunächst nur vermutete Feldverlauf als korrekt.

Wegen

$$Q = \oint \vec{D} \cdot d\vec{A} \tag{1.30}$$

gilt hier für die Gesamtladung des Kondensators

$$|Q| = D_1 \pi r l + D_2 \pi r l \ , \tag{1.31}$$

wobei D_1 die Erregung im Medium 1 und D_2 die Erregung im Medium 2 bezeichnet. Außerdem ist

$$D_1 = \varepsilon_1 E_1 \quad \text{und} \quad D_2 = \varepsilon_2 E_2$$

und wegen Gleichung (1.29)

$$D_1 = \varepsilon_1 E \quad \text{und} \quad D_2 = \varepsilon_2 E \ .$$

Setzt man dies in die Gleichung (1.31) ein, so erhält man

$$|Q| = (\varepsilon_1 + \varepsilon_2)\pi r l E \ . \tag{1.32}$$

Aus

$$|u| = \int_{r_1}^{r_2} E dr \tag{1.33}$$

ergibt sich

$$u = \frac{Q}{\pi l(\varepsilon_1+\varepsilon_2)} \ln \frac{r_2}{r_1} \quad . \tag{1.34}$$

Eliminiert man $|Q|$ aus den Gleichungen (1.32) und (1.34), so erhält man für die elektrische Feldstärke

$$\boxed{E = E_1 = E_2 = \frac{|u|}{r\ln(r_2/r_1)}}$$

und damit für die Erregungen in den beiden Dielektrika

$$\boxed{D_1 = \frac{\varepsilon_1 |u|}{r\ln(r_2/r_1)}} \quad \boxed{D_2 = \frac{\varepsilon_2 |u|}{r\ln(r_2/r_1)}} \quad .$$

1.27.2 Das Feld verläuft tangential zur Grenzfläche. Daher vereinfacht sich die Gleichung (1.26) für den Druck zu

$$\sigma = \frac{1}{2}(\varepsilon_1 - \varepsilon_2)E^2 \tag{1.35}$$

Aus der Integration dieses Ausdruckes über die beiden Grenzflächen ergibt sich der Betrag F der Kraft, die vom Dielektrikum 1 zum Dielektrikum 2 hin gerichtet ist :

$$F = 2\int_{r_1}^{r_2} \sigma l dr = l(\varepsilon_1-\varepsilon_2)\frac{u^2}{(\ln\frac{r_2}{r_1})^2}\int_{r_1}^{r_2}\frac{dr}{r^2}$$

$$\boxed{F = \frac{l(\varepsilon_1-\varepsilon_2)u^2}{(\ln\frac{r_2}{r_1})^2}(1/r_1 - 1/r_2)} \quad .$$

1.28 *1.28.1* Die gleichen Überlegungen wie in Aufgabe 1.26 führen auch hier zur Lösung der Aufgabe. Entsprechend der Gleichung (1.29) gilt

$$E_1 = E_2 = E_3 = E \quad .$$

Mit

$$D_1 = \varepsilon_1 E \;, \quad D_2 = \varepsilon_2 E \;\text{ und }\; D_3 = \varepsilon_3 E$$

wird

$$|Q| = \frac{2}{3}\pi r l E(\varepsilon_1 + \varepsilon_2 + \varepsilon_3) \;.$$

Daraus ergibt sich

$$E = \frac{|Q|}{\frac{2}{3}\pi l(\varepsilon_1+\varepsilon_2+\varepsilon_3)} \qquad (1.36)$$

und

$$u = \int_{r_1}^{r_2} E\,dr = \frac{Q}{\frac{2}{3}\pi l(\varepsilon_1+\varepsilon_2+\varepsilon_3)} \ln\frac{r_2}{r_1} \qquad (1.37)$$

Die Elimination von $|Q|$ aus den Gleichungen (1.36) und (1.37) ergibt

$$\boxed{E = E_1 = E_2 = E_3 = \frac{|u|}{r\ln(r_2/r_1)}} \;.$$

Daraus folgt

$$\boxed{D_1 = \frac{\varepsilon_1|u|}{r\ln(r_2/r_1)}} \quad \boxed{D_2 = \frac{\varepsilon_2|u|}{r\ln(r_2/r_1)}} \quad \boxed{D_3 = \frac{\varepsilon_3|u|}{r\ln(r_2/r_1)}} \;.$$

1.28.2 Wir ersetzen in der Definition $C = Q/u$ die Spannung u mit Hilfe der Gleichung (1.37) und erhalten als Kapazität des gegebenen Zylinderkondensators

$$\boxed{C = \frac{2\pi l(\varepsilon_1+\varepsilon_2+\varepsilon_3)}{3\ln(r_2/r_1)}} \;. \qquad (1.38)$$

1.28.3 Auf die drei Grenzflächen wirken die Drücke

$$\sigma_1 = \frac{1}{2}(\varepsilon_1-\varepsilon_2)E^2, \sigma_2 = \frac{1}{2}(\varepsilon_2-\varepsilon_3)E^2, \sigma_3 = \frac{1}{2}(\varepsilon_3-\varepsilon_1)E^2 \;.$$

Aus der Integration des Druckes ergibt sich jeweils die Kraft, die auf eine Grenzfläche ausgeübt wird :

$$F_1 = \int_{r_1}^{r_2} \sigma_1 l dr = (\varepsilon_1 - \varepsilon_2) \frac{lu^2}{2(\ln\frac{r_2}{r_1})^2} \int_{r_1}^{r_2} \frac{dr}{r^2}$$

$$\boxed{F_1 = (\varepsilon_1 - \varepsilon_2) \frac{lu^2}{2(\ln\frac{r_2}{r_1})^2} (1/r_1 - 1/r_2)}$$

$$\boxed{F_2 = (\varepsilon_2 - \varepsilon_3) \frac{lu^2}{2(\ln\frac{r_2}{r_1})^2} (1/r_1 - 1/r_2)}$$

$$\boxed{F_3 = (\varepsilon_3 - \varepsilon_1) \frac{lu^2}{2(\ln\frac{r_2}{r_1})^2} (1/r_1 - 1/r_2)}$$

1.28.4 Im Kondensator ist die Energie

$$W = \frac{1}{2} C u^2 \qquad (1.39)$$

gespeichert, mit der Gleichung (1.38) wird also

$$\boxed{W = \frac{\pi l(\varepsilon_1 + \varepsilon_2 + \varepsilon_3)}{3\ln\frac{r_2}{r_1}} u^2}.$$

.. Kondensatoren mit geschichtetem Dielektrikum

AUFGABEN

.29 Im Dielektrikum eines Plattenkondensators befindet sich eine planparallele Metallplatte P mit der Dicke δ. Der Kondensator trägt die Ladung Q und das elektrische Feld im Kondensator soll als homogen angenommen werden. Die Kapazität C dieses Kondensators soll in Abhängigkeit von der Lage x der Platte P berechnet werden :

1.29.1 wenn die Platte mit der Elektrode 2,

1.29.2 wenn die Platte mit der Elektrode 1 leitend verbunden ist,

1.29.3 wenn sie isoliert ist.

1.29.4 Welcher Zusammenhang besteht zwischen den drei verschiedenen Kapazitätswerten ?

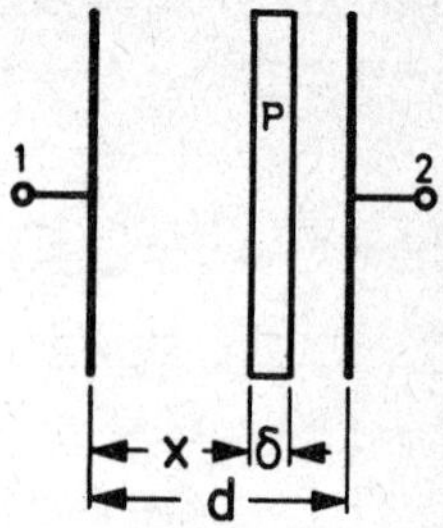

Bild 1.32
Metallplatte im Plattenkondensator

1.3o Ein Plattenkondensator mit den Seitenlängen a und b und dem Plattenabstand d trägt die Ladung Q. Der Kondensator ist halb mit Luft und halb mit einem Dielektrikum mit der Influenzkonstante ε_1 gefüllt.

Gesucht sind die elektrische Feldstärke und die elektrische Erregung innerhalb des Kondensators und die Ladungsverteilung auf den Kondensatorplatten. Die Randstreuung soll vernachlässigt werden.

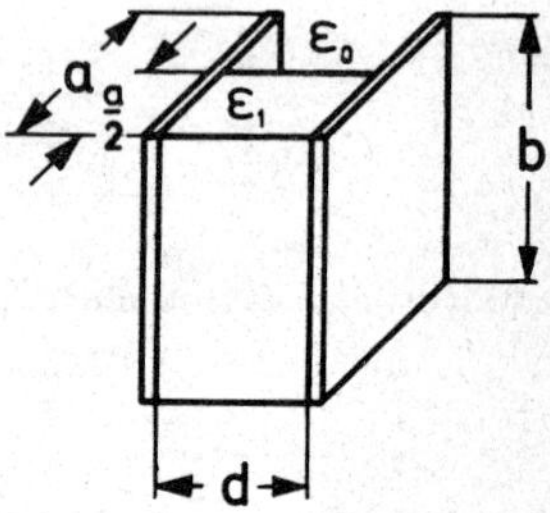

Bild 1.33
Plattenkondensator mit längsgeschichtetem Dielektrikum

1.31 Ein Plattenkondensator ist zunächst mit Luft gefüllt und hat hierbei die Kapazität C. Danach wird eine Glasplatte zwischen die Platten geschoben, und die Elektroden werden so weit auseinandergerückt, daß die Kapazität ihren alten Wert C behält.

Gemessen wurden der ursprüngliche Plattenabstand $a_1 = 5$ mm
der neue Plattenabstand $a_2 = 9$ mm
und die Dicke der Glasplatte $d = 5$ mm .

Die Dielektrizitätskonstante ε des Glases soll berechnet werden.

1.32 Gegeben sind die Abmessungen der beiden skizzierten Kondensatoren. In beiden ist das Dielektrikum geschichtet; die eine Hälfte hat die D.K. ε_1, die andere Hälfte die D.K. ε_2.

Man bestimme $\varepsilon_1/\varepsilon_2$ so, daß C_2 doppelt so groß wie C_1 wird (Bild 1.34).

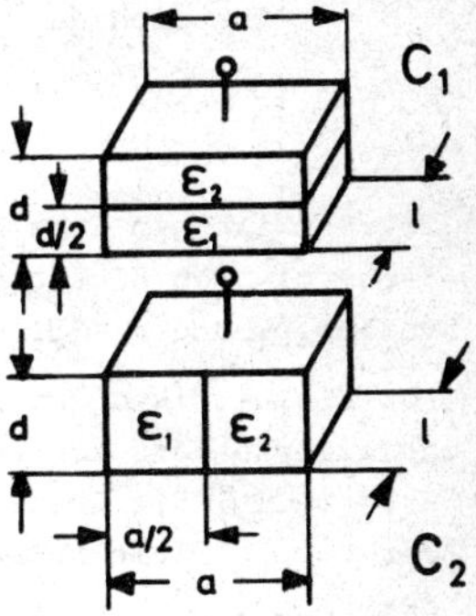

Bild 1.34
Plattenkondensator mit geschichteten Dielektrika

1.33 Ein Plattenkondensator mit dem Plattenabstand x und einheitlichem Dielektrikum (ε) hat die Kapazität C. Das einheitliche Dielektrikum soll durch ein geschichtetes Dielektrikum (ε_1 , ε_2) ersetzt werden; der Kondensator erhält nun die Kapazität C_{12} (Bild 1.35).

Die drei Dielektrizitätskonstanten $\varepsilon, \varepsilon_1$ und ε_2 sind gegeben, und es gelte für sie

$$\varepsilon_1 < \varepsilon < \varepsilon_2$$

oder

$$\varepsilon_1 > \varepsilon > \varepsilon_2 .$$

1.33.1 Wie groß muß x_1 sein, damit $C_{12} = C$ wird ?

1.33.2 Welcher Wert x_1/x ergibt sich dann für $\varepsilon_2 = 2\varepsilon = 4\varepsilon_1$?

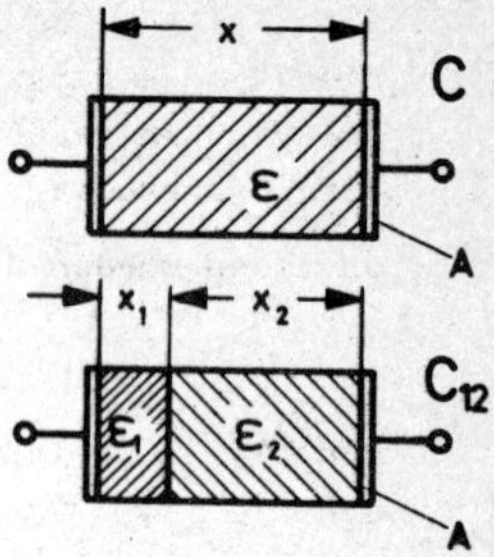

Bild 1.35
Zum Vergleich eines einheitlichen mit einem geschichteten Dielektrikum

1.34 Gegeben ist ein Kugelkondensator mit den Elektrodenradien r_i und r_a (Bild 1.36). Das Dielektrikum ist in der skizzierten Art konzentrisch unterteilt. Die Grenzfläche der beiden Dielektrika hat den Radius

$$r_m = \frac{r_i + r_a}{2} .$$

Das innere Dielektrikum hat die Influenzkonstante ε_1, das äußere ε_2. Die innere Elektrode hat das Potential 0V, die äußere Elektrode hat das Potential u_a.

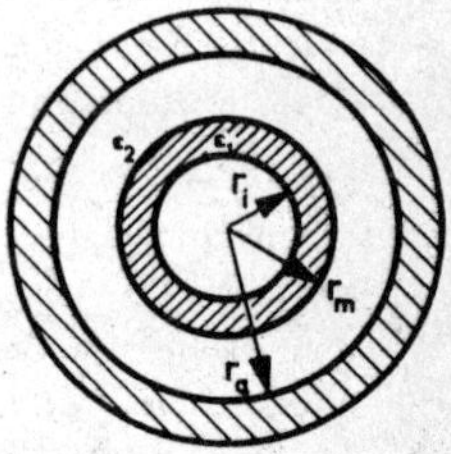

Bild 1.36
Kugelkondensator mit konzentrisch geschichtetem Dielektrikum

1.34.1 Es ist $\varepsilon_1 = \varepsilon_2$ (Das Dielektrikum ist nicht unterteilt). Man berechne die Spannung u_r für einen beliebigen

Punkt des Dielektrikums im Abstand r ($r_i < r < r_a$) vom Kugelmittelpunkt, wenn die Spannung u_a zwischen innerer und äußerer Kugel vorgegeben ist.

Wie groß wird r_i/r für $u_a/u_r = 2$ und $r_a/r_i = 2$?

1.34.2 Es ist $\varepsilon_1 \neq \varepsilon_2$. Auf der Grenzfläche der beiden Dielektrika ($r = r_m$) soll sich eine gewünschte Spannung u_m einstellen. Wie muß $\varepsilon_1/\varepsilon_2$ gewählt werden, damit diese Forderung erfüllt wird ?

Wie groß wird $\varepsilon_1/\varepsilon_2$, wenn bei $r_a/r_i = 2$ das Spannungsverhältnis $u_a/u_m = 2$ sein soll ?

1.35 Die nebenstehende Skizze zeigt den Querschnitt eines Zylinderkondensators mit konzentrisch geschichtetem Dielektrikum und der Länge l. Der Radius der inneren Elektrode ist r_0, der Innenradius der äußeren Elektrode ist r_2; r_1 bezeichnet den Radius der dielektrischen Grenzschicht. Das innere Dielektrikum hat die Dielektrizitätskonstante ε_1, das äußere die D.K. ε_2. Der Kondensator trage die Ladung $Q = ql$.

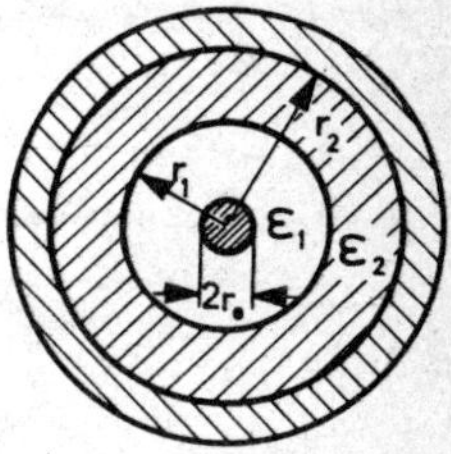

Bild 1.37
Zylinderkondensator mit konzentrisch unterteiltem Dielektrikum

1.35.1 Man skizziere die Feldlinien der Erregung $\vec{D}$ und der Feldstärke $\vec{E}$ im Sonderfall $\varepsilon_1 = \varepsilon_2 = \varepsilon$.

1.35.2 Wie verhalten sich D und E als Funktionen des Radius ?

1.35.3 Wie groß ist in diesem Sonderfall die Kapazität C^* des Zylinderkondensators ?
Zahlenwerte: r_0 = o,375 cm, r_2 = 3 cm; l = 3o cm;
$\varepsilon = 2\,\varepsilon_0$.

1.35.4 Man skizziere die Feldlinien der Erregung $\vec{D}$ und der Feldstärke $\vec{E}$ im allgemeinen Fall $\varepsilon_1 \neq \varepsilon_2$, und zwar für die beiden Fälle $2\,\varepsilon_1 = \varepsilon_2$ und $\varepsilon_1 = 2\varepsilon_2$.

1.35.5 Wie groß ist im allgemeinen Fall $\varepsilon_1 \neq \varepsilon_2$ die Kapazität C des Zylinderkondensators ?

1.36 Ein Zylinderkondensator mit einheitlichem Dielektrikum ε hat die Kapazität C^*. Das einheitliche Dielektrikum soll durch ein geschichtetes Dielektrikum (ε_1, ε_2) ersetzt werden; der Kondensator erhält nun die Kapazität C. Die drei Dielektrizitätskonstanten sind gegeben und es gelte: $\varepsilon_1 > \varepsilon > \varepsilon_2$ oder $\varepsilon_1 < \varepsilon < \varepsilon_2$. (Es gelten die Bezeichnungen von Aufgabe 1.35).

1.36.1 Wie groß muß r_1 sein, damit $C = C^*$ wird ? Das Ergebnis prüfe man durch Dimensionskontrolle.

1.36.2 Welcher Wert r_1 ergibt sich für die Zahlenwerte

r_0 = o,375 cm; r_2 = 3 cm;
$\varepsilon_1 = 4\,\varepsilon_0$; $\varepsilon = 2\,\varepsilon_0$; $\varepsilon_2 = \varepsilon_0$?

LÖSUNGEN

1.29 *1.29.1* Wenn die Platte P mit der Elektrode 2 leitend verbunden ist, bildet sich nur zwischen der Platte P und der Elektrode 1 ein elektrisches Feld aus. Es entsteht ein Kondensator mit dem Plattenabstand x und der Kapazität

$$\boxed{C_1 = \varepsilon\,\frac{A}{x}}\,. \qquad (1.4o)$$

1.29.2 In diesem Fall entsteht ein Kondensator mit dem Plattenabstand $d - \delta - x$:

$$\boxed{C_2 = \varepsilon \frac{A}{d-\delta-x}} \quad . \tag{1.41}$$

1.29.3 Wenn die Platte P mit keiner der Elektroden leitend verbunden ist, kann die Anordnung als ein Kondensator mit dem Plattenabstand $d - \delta$ aufgefaßt werden :

$$\boxed{C = \varepsilon \frac{A}{d-\delta}} \quad . \tag{1.42}$$

1.29.4 Die Kapazität C erhält man auch aus der Reihenschaltung der beiden Kondensatoren mit den Kapazitäten C_1 und C_2 . Aus den Gleichungen (1.41) und (1.42) folgt nämlich

$$\frac{1}{C_1} + \frac{1}{C_2} = \frac{x}{\varepsilon A} + \frac{d-x-\delta}{\varepsilon A}$$

$$\frac{1}{C_1} + \frac{1}{C_2} = \frac{d-\delta}{\varepsilon A} \quad , \tag{1.43}$$

und ein Vergleich der Gleichungen (1.42) und (1.43) zeigt, daß tatsächlich

$$\boxed{\frac{1}{C} = \frac{1}{C_1} + \frac{1}{C_2}} \tag{1.44}$$

ist.

1.3o Schon bei der Anwendung der Formel (1.4o) für die Kapazität eines Plattenkondensators wird vorausgesetzt, daß die Inhomogenität des Kondensatorfeldes am Rande vernachlässigt werden kann. Es ist dann auch hier ebenso wie in der Aufgabe 1.27 die elektrische Feldstärke E in den beiden Dielektrika gleich. Die Erregungen D_0, D_1 und die Ladungen Q_0, Q_1 der beiden Kondensatorhälften ergeben sich dann folgendermaßen :

$$D_0 = \varepsilon_0 E \ ; \qquad Q_0 = \frac{ab}{2} D_0 = \frac{ab}{2} \varepsilon_0 E$$

$$D_1 = \varepsilon_1 E \;;\quad Q_1 = \frac{ab}{2} D_1 = \frac{ab}{2} \varepsilon_1 E$$

Für die Gesamtladung Q des Kondensators gilt

$$Q = Q_0 + Q_1 = \frac{ab}{2} (\varepsilon_0 + \varepsilon_1) E$$

Daraus folgt für die Feldstärke in den beiden Dielektrika

$$\boxed{E = \frac{2Q}{ab(\varepsilon_0+\varepsilon_1)}} .$$

Für die elektrischen Erregungen ergibt sich

$$\boxed{D_0 = \frac{\varepsilon_0}{\varepsilon_0+\varepsilon_1} \frac{2Q}{ab}} \qquad \boxed{D_1 = \frac{\varepsilon_1}{\varepsilon_0+\varepsilon_1} \frac{2Q}{ab}}$$

und für die Ladungen

$$\boxed{Q_0 = \frac{\varepsilon_0}{\varepsilon_0+\varepsilon_1} Q} \qquad \boxed{Q_1 = \frac{\varepsilon_1}{\varepsilon_0+\varepsilon_1} Q} \quad .$$

1.31 Zunächst gilt für die Kapazität C des Kondensators

$$\frac{1}{C} = \frac{a_1}{A\varepsilon_0} \quad . \tag{1.45}$$

Nach dem Einschieben der Glasplatte und dem Auseinanderrücken der Elektroden soll der Kondensator wieder die Kapazität C haben; diese Kapazität ergibt sich nun aus der Reihenschaltung eines Kondensators mit Glas und eines Kondensators mit Luft als Dielektrikum :

$$\frac{1}{C} = \frac{d}{A\varepsilon} + \frac{a_2 - d}{A\varepsilon_0} \quad . \tag{1.46}$$

Durch Vergleich der beiden Gleichungen (1.45) und (1.46) erhält man als Bestimmungsgleichung für ε

$$\frac{a_1}{A\varepsilon_0} = \frac{d}{A\varepsilon} + \frac{a_2 - d}{A\varepsilon_0} \quad .$$

Hieraus folgt

$$\boxed{\varepsilon = \frac{d}{d+a_1-a_2}\,\varepsilon_0} \quad ,$$

und mit den gegebenen Zahlenwerten wird

$$\boxed{\varepsilon = 5\,\varepsilon_0} .$$

1.32 Der obere Kondensator in Bild 1.34 kann als Reihenschaltung zweier Kondensatoren mit den Dielektrizitätskonstanten ε_1 und ε_2 aufgefaßt werden. Für seine Kapazität C_1 gilt

$$\frac{1}{C_1} = \frac{d/2}{la\varepsilon_1} + \frac{d/2}{la\varepsilon_2} = \frac{d}{2la}\left(\frac{1}{\varepsilon_1} + \frac{1}{\varepsilon_2}\right)$$

$$C_1 = \frac{2la}{d}\,\frac{\varepsilon_1\varepsilon_2}{\varepsilon_1+\varepsilon_2} \quad .$$

Der untere Kondensator kann als Parallelschaltung zweier Kondensatoren mit den Dielektrizitätskonstanten ε_1 und ε_2 angesehen werden :

$$C_2 = \frac{la/2}{d}\,\varepsilon_1 + \frac{la/2}{d}\,\varepsilon_2$$

$$C_2 = \frac{la}{2d}\,(\varepsilon_1 + \varepsilon_2) \quad .$$

Es soll $C_2 = 2C_1$ sein, also wird

$$\frac{la}{2d}\,(\varepsilon_1 + \varepsilon_2) = 2\cdot\frac{2la}{d}\,\frac{\varepsilon_1\varepsilon_2}{\varepsilon_1+\varepsilon_2}$$

$$(\varepsilon_1/\varepsilon_2 + 1)^2 = 8\varepsilon_1/\varepsilon_2 \quad .$$

Aus dieser quadratischen Gleichung für $\varepsilon_1/\varepsilon_2$ ergibt sich

$$\boxed{\varepsilon_1/\varepsilon_2 = 3 \pm \sqrt{8} = \begin{cases} 5{,}828 \\ 0{,}172 \end{cases}}$$

1.33 *1.33.1* Für die Kapazität des Kondensators mit dem einheitlichen Dielektrikum gilt

$$\frac{1}{C} = \frac{x}{A\varepsilon} \quad .$$

Für den anderen Kondensator gilt

$$\frac{1}{C_{12}} = \frac{x_1}{A\varepsilon_1} + \frac{x_2}{A\varepsilon_2} \quad .$$

Aus der Forderung $C = C_{12}$ folgt dann

$$\frac{x}{A\varepsilon} = \frac{x_1}{A\varepsilon_1} + \frac{x_2}{A\varepsilon_2} \,,$$

und mit $x_2 = (x - x_1)$ wird

$$x/\varepsilon = x_1/\varepsilon_1 + (x - x_1)/\varepsilon_2$$

$$x_1(1/\varepsilon_1 - 1/\varepsilon_2) = x(1/\varepsilon - 1/\varepsilon_2)$$

$$\boxed{x_1 = \frac{\varepsilon_2/\varepsilon - 1}{\varepsilon_2/\varepsilon_1 - 1}\, x} \qquad (1.47)$$

1.33.2 Setzt man $\varepsilon_2/\varepsilon = 2$ und $\varepsilon_2/\varepsilon_1 = 4$ in die Gleichung (1.47) ein, so erhält man

$$\boxed{x_1/x = 1/3} \quad .$$

Kontrolle : Für den Kondensator C_1 mit dem Plattenabstand x_1 und der Influenzkonstante ε_1 gilt

$$\frac{1}{C_1} = \frac{x_1}{A\varepsilon_1} = \frac{x/3}{A\cdot\varepsilon/2} = \frac{2}{3}\,\frac{x}{A\varepsilon} \,,$$

und für den hierzu in Reihe geschalteten Kondensator

$$\frac{1}{C_2} = \frac{x_2}{A\varepsilon_2} = \frac{2x/3}{A\cdot 2\varepsilon} = \frac{1}{3}\,\frac{x}{A\varepsilon} \quad .$$

Es ist also tatsächlich

$$\frac{1}{C_1} + \frac{1}{C_2} = \frac{x}{A\varepsilon} = \frac{1}{C} \quad .$$

1.34 *1.34.1* Wir bezeichnen die Ladung der äußeren Elektrode mit +Q und infolgedessen die Ladung der inneren Elektrode mit -Q (wobei offen bleibt, ob Q selbst positiv oder negativ ist). Die elektrische Erregung im Dielektrikum hat den Betrag

$$D = \frac{|Q|}{4\pi r^2} , \qquad (1.48)$$

der Betrag der elektrischen Feldstärke ist

$$E = \frac{|Q|}{4\pi\varepsilon r^2} . \qquad (1.49)$$

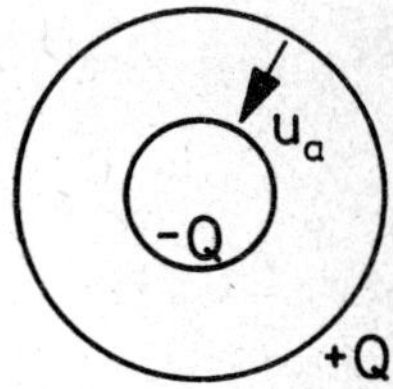

Bild 1.38
Zur Berechnung der Spannung an einem Kugelkondensator

Im folgenden nennen wir den von innen nach außen zeigenden Einheitsvektor in radialer Richtung $\vec{e}_r$. Die Aufgabenstellung schreibt für die Spannung u_a zwischen den Elektroden einen von außen nach innen gerichteten Zählpfeil vor, vgl. Bild 1.38. Wir können u_a berechnen, indem wir die Feldstärke

$$\vec{E} = - \vec{e}_r \frac{Q}{4\pi\varepsilon r^2}$$

entlang einer Feldlinie (also radial) integrieren :

$$u_a = \int_1^2 \vec{E} \cdot d\vec{s} \quad .$$

Hierbei ist

$$d\vec{s} = - \vec{e}_r dr ,$$

so daß gilt

$$u_a = \int_{r=r_i}^{r=r_a} (-\vec{e}_r \frac{Q}{4\pi\varepsilon r^2}) \cdot (-\vec{e}_r dr) = \int_{r_i}^{r_a} \frac{Q}{4\pi\varepsilon} \frac{dr}{r^2}$$

$$u_a = \int_{r_i}^{r_a} \frac{Q}{4\pi\varepsilon} \frac{dr}{r^2} = \frac{Q}{4\pi\varepsilon} (1/r_i - 1/r_a) \; . \tag{1.5o}$$

Ebenso wird

$$u_r = \frac{Q}{4\pi\varepsilon} \int_{r_i}^{r} \frac{dr}{r^2} = \frac{Q}{4\pi\varepsilon} (1/r_i - 1/r) \; . \tag{1.51}$$

Der Vergleich der Gleichungen (1.5o) und (1.51) ergibt

$$\frac{u_a}{u_r} = \frac{1/r_i - 1/r_a}{1/r_i - 1/r}$$

$$\boxed{\frac{r_i}{r} = 1 - \frac{u_r}{u_a} \left(1 - \frac{r_i}{r_a}\right)} \; .$$

Für $u_a/u_r = 2$ und $r_a/r_i = 2$ wird

$$\boxed{r_i/r = 3/4} \; .$$

1.34.2 Auch im Falle des konzentrisch geschichteten Dielektrikums gilt für die Erregung die Gleichung (1.48). Im Dielektrikum 1 ist

$$E_1 = \frac{Q}{4\pi\varepsilon_1 r^2}$$

und im Dielektrikum 2

$$E_2 = \frac{Q}{4\pi\varepsilon_2 r^2} \; .$$

Die Spannung zwischen der inneren und der äußeren Elektrode ist

$$u_a = \int_{r_i}^{r_m} E_1 dr + \int_{r_m}^{r_a} E_2 dr = \frac{Q}{4\pi\varepsilon_1}\left(\frac{1}{r_i} - \frac{1}{r_m}\right) + \frac{Q}{4\pi\varepsilon_2}\left(\frac{1}{r_m} - \frac{1}{r_a}\right)$$

$$u_a = \frac{Q}{4\pi\varepsilon_1}\left[\left(\frac{1}{r_i} - \frac{1}{r_m}\right) + \frac{\varepsilon_1}{\varepsilon_2}\left(\frac{1}{r_m} - \frac{1}{r_a}\right)\right] . \qquad (1.52)$$

Die Spannung zwischen innerer Elektrode und Grenzschicht ist

$$u_m = \int_{r_i}^{r_m} E_1 dr = \frac{Q}{4\pi\varepsilon_1}\left(\frac{1}{r_i} - \frac{1}{r_m}\right) . \qquad (1.53)$$

Der Vergleich der Gleichungen (1.52) und (1.53) ergibt

$$\frac{u_a}{u_m} = \frac{(1/r_i - 1/r_m) + (\varepsilon_1/\varepsilon_2)(1/r_m - 1/r_a)}{(1/r_i - 1/r_m)}$$

$$\frac{\varepsilon_1}{\varepsilon_2} = \left(\frac{u_a}{u_m} - 1\right) \frac{r_m - r_i}{r_a - r_m} \cdot \frac{r_a}{r_i} .$$

Mit

$$r_m = \frac{r_i + r_a}{2}$$

wird hieraus

$$\boxed{\frac{\varepsilon_1}{\varepsilon_2} = \left(\frac{u_a}{u_m} - 1\right) \frac{r_a}{r_i}} .$$

Speziell für $u_a/u_m = 2$ und $r_a/r_i = 2$ wird

$$\boxed{\varepsilon_1/\varepsilon_2 = 2} .$$

1.35 1.35.1 Für die elektrische Erregung gilt

$$D = \frac{Q}{2\pi l r} = \frac{q}{2\pi} \cdot \frac{1}{r} \qquad (1.54)$$

und für die Feldstärke

$$E = \frac{Q}{2\pi l \varepsilon r} = \frac{q}{2\pi\varepsilon} \cdot \frac{1}{r} ,$$

d.h. D und E nehmen mit 1/r ab. In Bild 1.39 sind die Feldlinien der elektrischen Erregung dargestellt, die in diesem Fall ebenso wie die Feldlinien der elektrischen Feldstärke einfach radial verlaufen.

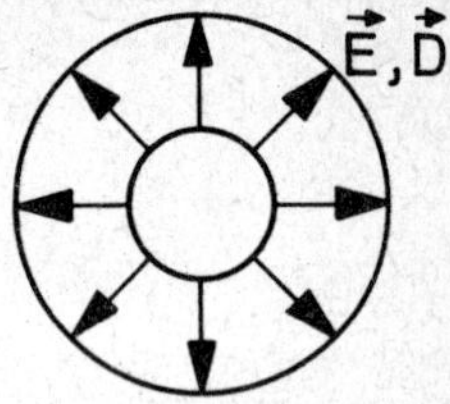

Bild 1.39
Feld eines Zylinderkondensators

1.35.2 Aus der Integration der Feldstärke ergibt sich als Spannung zwischen den Elektroden

$$u = \int_{r_0}^{r_2} \frac{Q}{2\pi l \varepsilon} \cdot \frac{dr}{r} = \frac{Q}{2\pi l \varepsilon} \ln \frac{r_2}{r_0} .$$

Wegen $C^* = Q/u$ wird

$$\boxed{C^* = \frac{2\pi\varepsilon l}{\ln(r_2/r_0)}} . \tag{1.55}$$

Speziell für die gegebenen Zahlenwerte ist

$$C^* = \frac{2\pi \cdot 0{,}3\mathrm{m} \cdot 2 \cdot 8{,}854 \cdot 10^{-12}\,\mathrm{As}}{\mathrm{Vm} \cdot \ln 8} \quad \frac{1{,}2\pi \cdot 8{,}854}{\ln 8} \cdot 10^{-12}\,\mathrm{F}$$

$$\boxed{C^* \approx 16{,}06\ \mathrm{pF}} .$$

1.35.3 Für die Erregung in beiden Dielektrika gilt weiterhin die Gleichung (1.54), für die Feldstärke gilt im Dielektrikum 1

$$E_1 = \frac{Q}{2\pi\varepsilon_1 l r}$$

und im Dielektrikum 2

$$E_2 = \frac{Q}{2\pi\varepsilon_2 lr} \; .$$

Im Fall $2\varepsilon_1 = \varepsilon_2$ ist

$$E_1 = \frac{Q}{2\pi\varepsilon_1 lr}$$

und

$$E_2 = \frac{Q}{4\pi\varepsilon_1 lr} \; .$$

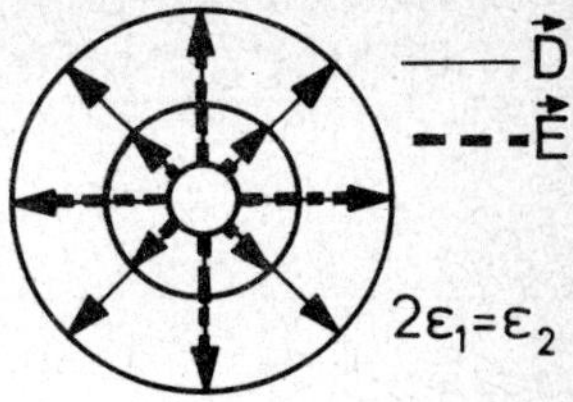

Bild 1.4o
Feld eines konzentrisch unterteilten Zylinderkondensators

Im Fall $\varepsilon_1 = 2\varepsilon_2$ ist

$$E_1 = \frac{Q}{4\pi\varepsilon_2 lr}$$

und

$$E_2 = \frac{Q}{2\pi\varepsilon_2 lr} \; .$$

In den Bildern 1.4o und 1.41 sind die E - und D - Feldbilder für die beiden betrachteten Sonderfälle skizziert.

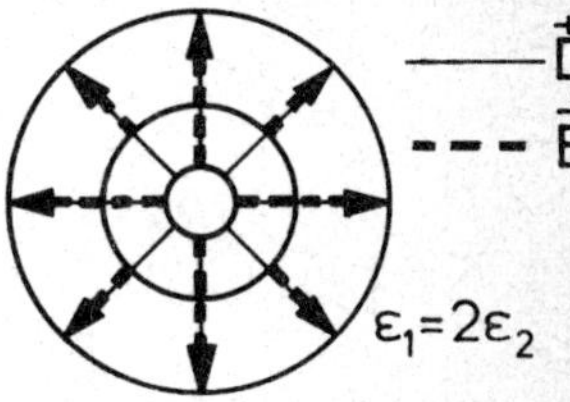

Bild 1.41
Feld eines konzentrisch unterteilten Zylinderkondensators

1.35.4 Zwischen den Elektroden liegt die Spannung

$$u = \int_{r_0}^{r_1} E_1 dr + \int_{r_1}^{r_2} E_2 dr = \frac{Q}{2\pi l}\left[\frac{\ln(r_1/r_0)}{\varepsilon_1} + \frac{\ln(r_2/r_1)}{\varepsilon_2}\right] ,$$

und es wird wegen $C = Q/u$

$$\boxed{C = \frac{2\pi l}{\dfrac{\ln(r_1/r_0)}{\varepsilon_1} + \dfrac{\ln(r_2/r_1)}{\varepsilon_2}}} \; . \qquad (1.56)$$

1.36 *1.36.1* Die Werte C^* und C sind durch die Gleichungen (1.55) und (1.56) bekannt. Sollen beide Werte gleich sein, so ergibt sich als Bestimmungsgleichung für r_1 :

$$\frac{\ln(r_2/r_0)}{\varepsilon} = \frac{\ln(r_1/r_0)}{\varepsilon_1} + \frac{\ln(r_2/r_1)}{\varepsilon_2} \quad .$$

Diese Gleichung kann nach r_1 aufgelöst werden :

$$\frac{\ln(r_2/r_0)}{\varepsilon/\varepsilon_1} = \ln(r_1/r_0) + \frac{\ln(r_2/r_1)}{\varepsilon_2/\varepsilon_1}$$

$$\ln(r_2/r_0)^{\varepsilon_1/\varepsilon} = \ln(r_1/r_0) + \ln(r_2/r_1)^{\varepsilon_1/\varepsilon_2}$$

$$\ln(\frac{r_2}{r_0})^{\varepsilon_1/\varepsilon} = \ln\left[\frac{r_1}{r_0}\,(\frac{r_2}{r_1})^{\varepsilon_1/\varepsilon_2}\right]$$

$$(r_2/r_0)^{\varepsilon_1/\varepsilon} = (r_1/r_0)\cdot(r_2/r_1)^{\varepsilon_1/\varepsilon_2}$$

$$r_1^{(1-\varepsilon_1/\varepsilon_2)} = r_0^{(1-\varepsilon_1/\varepsilon)}\,r_2^{(\varepsilon_1/\varepsilon\,-\,\varepsilon_1/\varepsilon_2)}$$

$$r_1 = r_0^{\frac{1-\varepsilon_1/\varepsilon}{1-\varepsilon_1/\varepsilon_2}} \cdot r_2^{\frac{\varepsilon_1/\varepsilon-\varepsilon_1/\varepsilon_2}{1-\varepsilon_1/\varepsilon_2}} \qquad (1.57)$$

$$\boxed{r_1 = r_0^{\frac{\varepsilon_2}{\varepsilon}\,\frac{\varepsilon-\varepsilon_1}{\varepsilon_2-\varepsilon_1}} \cdot r_2^{\frac{\varepsilon_1}{\varepsilon}\,\frac{\varepsilon_2-\varepsilon}{\varepsilon_2-\varepsilon_1}}} \qquad (1.58)$$

Dimensionskontrolle: Die Summe der Exponenten auf der rechten Seite der Gleichung (1.58) muß gleich eins sein, damit beide Seiten der Gleichung gerade die Dimension einer Länge haben :

$$\frac{\varepsilon_2(\varepsilon-\varepsilon_1)}{\varepsilon(\varepsilon_2-\varepsilon_1)} + \frac{\varepsilon_1(\varepsilon_2-\varepsilon)}{\varepsilon(\varepsilon_2-\varepsilon_1)} = \frac{\varepsilon_2\varepsilon-\varepsilon_2\varepsilon_1+\varepsilon_1\varepsilon_2-\varepsilon_1\varepsilon}{\varepsilon(\varepsilon_2-\varepsilon_1)} = 1 \quad .$$

1.36.2 Setzt man die gegebenen Zahlenwerte in die Gleichung (1.57) ein, so ergibt sich

$$r_1 = \left[\frac{8}{3}\text{ cm}\right]^{\frac{1-(4\varepsilon_0/2\varepsilon_0)}{1-(4\varepsilon_0/\varepsilon_0)}} \cdot \left[3\text{ cm}\right]^{\frac{(4\varepsilon_0/2\varepsilon_0)-(4\varepsilon_0/\varepsilon_0)}{1-(4\varepsilon_0/\varepsilon_0)}}$$

$$r_1 = \left[\frac{3}{8}\ \text{cm}\right]^{1/3} \cdot \left[3\ \text{cm}\right]^{2/3} = \frac{3\ \text{cm}}{\sqrt[3]{8}}$$

$$\boxed{r_1 = 1{,}5\ \text{cm}}\ .$$

2. BEWEGLICHE LADUNGEN IM ELEKTRISCHEN FELD

a. Bewegung einer Einzelladung im elektrischen Feld

AUFGABEN

2.1 Ein Elektron ohne Anfangsgeschwindigkeit durchläuft im Hochvakuum die Spannung u; es erreicht hierbei die Geschwindigkeit v.
Man stelle eine zugeschnittene Größengleichung für die Geschwindigkeit v so auf, daß die Spannung unmittelbar in Mikrovolt eingesetzt werden kann und sich die Geschwindigkeit in Meter pro Millisekunde ergibt.

$$e = 1{,}602 \cdot 10^{-19}\ \text{As};\quad m_e = 9{,}109 \cdot 10^{-28}\ \text{g}.$$

2.2 Ein Elektron tritt senkrecht aus der negativ geladenen Platte eines Plattenkondensators mit der Geschwindigkeit v_0 in das zwischen beiden Platten befindliche Vakuum aus. Der Elektrodenabstand ist d, die Spannung u.
Nach welcher Zeit t_1 hat das Elektron die positiv geladene Platte erreicht ?

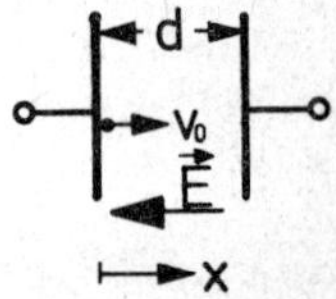

Bild 2.1
Elektron im Plattenkondensator

2.3 Ein Elektron tritt an der Stelle x = 0, y = 0 mit der konstanten Anfangsgeschwindigkeit v_x in x-Richtung in das Feld eines Plattenkondensators ein. Die Randverzerrung des Kondensatorfeldes soll vernachlässigt werden.

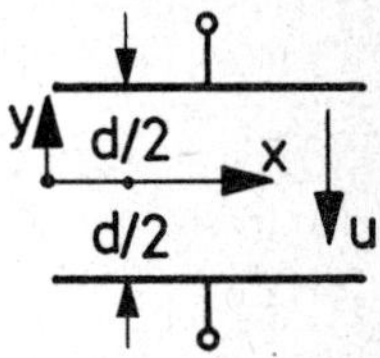

Bild 2.2
Plattenkondensator

An welchem Punkt trifft das Elektron auf die Platte auf, wenn die Spannung zwischen den Platten u = 1o V, der Plattenabstand d = 1 cm und die Geschwindigkeit $v_x = 5 \cdot 1o^7$ m/s beträgt ?

2.4 Ein Elektron hat die Masse m und die Ladung -e. Es bewege sich mit der Geschwindigkeit v in einem homogenen elektrischen Feld in entgegengesetzter Richtung zur Feldstärke $\vec{E}$. Es hat im Zeitpunkt t = o die Geschwindigkeit v_0 .

2.4.1 Wie groß muß der Betrag E der elektrischen Feldstärke sein, wenn das Elektron nach Durchlaufen der Strecke x_1 die Geschwindigkeit $v_1 = 2v_0$ haben soll ?

2.4.2 Welche Strecke x_2 muß das Elektron zurücklegen, um bei dieser Feldstärke seine Geschwindigkeit von v_0 auf $v_2 = 4\,v_0$ zu erhöhen ?

2.5 An einem Plattenkondensator liegt die Spannung u. Ein Elektron tritt zur Zeit t = o im Ursprung des dargestellten Koordinatensystems in das Feld des Kondensators ein; hierbei soll die Randverzerrung des Kondensatorfeldes vernachlässigt werden, d.h. es wird vorausgesetzt, daß nur für $o \leq x \leq a$ ein Feld existiert. Das Elektron hat im Kondensator die Geschwindigkeit $\vec{v}(t)$ und tritt mit einer Geschwindigkeit vom Betrage

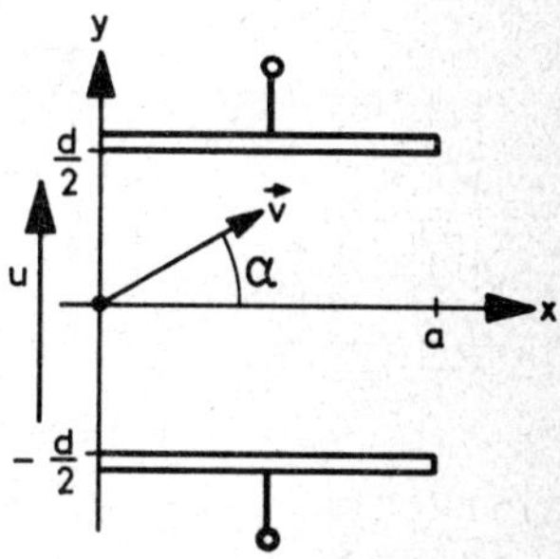

Bild 2.3
Elektron im Plattenkondensator

v(o) in das Feld ein. Das Elektron soll das Kondensatorfeld an der Stelle x = a, y = o verlassen.

2.5.1 Man berechne den Winkel α so, daß diese Bedingung erfüllt wird.

2.5.2 Welcher Bedingung muß hierbei v(o) genügen ?

2.6 Zwischen den Platten eines Plattenkondensators bildet sich die Feldstärke $E_{x1} = -u/d$ aus.
Sind die Platten jedoch die Elektroden einer Hochvakuumdiode, so entsteht zwischen ihnen eine Raumladung. Dadurch wird die Feldstärke von der Koordinate x abhängig :

$$E_{x2}(x) = -\frac{4}{3} \cdot \frac{u}{d^{4/3}} \cdot x^{1/3} \quad . \qquad (2.1)$$

In Bild 2.4 sind die Feldstärken E_{x1} und E_{x2} skizziert.

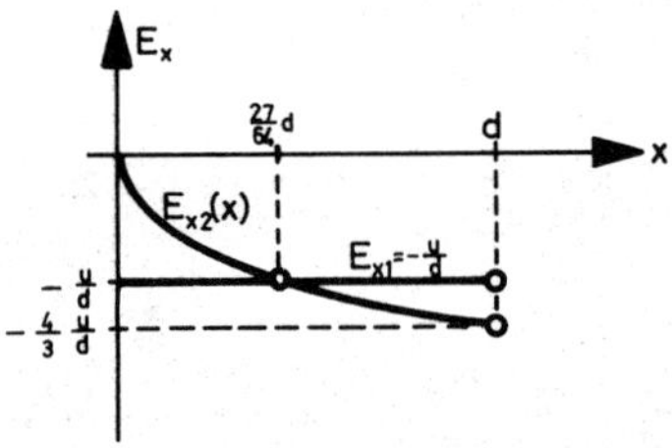

Bild 2.4
Die elektrische Feldstärke ohne und mit Raumladung

Die Kraft, die ein Elektron beschleunigt, ist

$$F(x) = QE(x) \quad . \qquad (2.2)$$

2.6.1 Man berechne aus den Gleichungen (2.1) und (2.2) die Zeit t_2 , in der das Elektron von der Kathode (x = o) zur Anode (x = d) fliegt. Das Elektron hat keine Anfangsgeschwindigkeit.

2.6.2 Man vergleiche die Zeit t_2 mit der Flugzeit t_1 im raumladungsfreien Feld.

2.7 Die innere Elektrode eines Kugelkondensators hat den Radius r_1 und trägt die Ladung -Q, die äußere Elektrode hat den Radius r_2 und trägt die Ladung +Q.

Aus der Oberfläche der inneren Elektrode tritt ein Elektron mit der Anfangsgeschwindigkeit v = o in das Vakuum zwischen den beiden Elektroden ein und wird von der äußeren Elektrode angezogen.

Wie lange befindet sich das Elektron im Vakuum ?

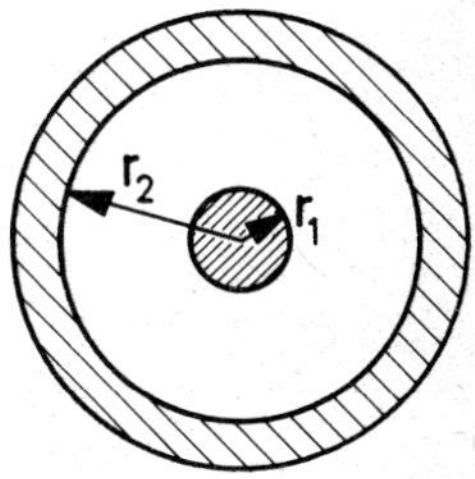

Bild 2.5
Kugelkondensator

LÖSUNGEN

2.1 Wenn das Elektron keine Anfangsgeschwindigkeit hat, dann erreicht es nach Durchlaufen der Spannung u die Geschwindigkeit

$$v = \sqrt{2\ ue/m_e} \quad . \qquad (2.3)$$

Hierein setzen wir die Zahlenwerte für die Ladung e und die Masse m_e des Elektrons ein :

$$v^2 = \frac{2u\cdot 1{,}6o2\cdot 1o^{-19}As}{9{,}1o9\cdot 1o^{-28}g} \quad .$$

Die Einheit g wird durch Einheiten des elektrotechnischen Maßsystems (m, s, V, A) ersetzt :

$$1\ N = 1\ kg\cdot m/s^2$$

$$1\ Ws = 1\ Nm = 1\ kg\cdot m^2/s^2$$

$$1\ g = 1o^{-3}\ Ws^3/m^2 = 1o^{-3}\ VAs^3/m^2 \ .$$

Damit wird

$$v^2 = \frac{2u\cdot 1{,}6o2\cdot 1o^{-19}As\cdot 1o^3m}{9{,}1o9\cdot 1o^{-28}AVs^3}$$

$$v^2 = 2\cdot\frac{1{,}6o2}{9{,}1o9}\cdot\frac{u}{\mu V}\cdot\frac{m^2}{ms^2}$$

$$\boxed{v = o{,}593\sqrt{\frac{u}{\mu V}}\ \frac{m}{ms}} \ .$$

2.2 Auf das Elektron wirkt die Kraft

$$F = e\ E = e\ u/d \quad ,$$

es wird also konstant beschleunigt :

$$\frac{d^2x}{dt^2} = b = \frac{F}{m} = \frac{e}{m}\cdot\frac{u}{d} \quad . \qquad (2.4)$$

Die Geschwindigkeit ist

$$\frac{dx}{dt} = v = v_0 \int_o^t \frac{eu}{md}\,d\tau = v_0 + \frac{eu}{md}\,t \qquad (2.5)$$

und der zurückgelegte Weg

$$x = x_0 + \int_o^t v\,d\tau = x_0 + \int_o^t v_0\,d\tau + \frac{eu}{md}\int_o^t \tau\,d\tau \quad .$$

Da in diesem Fall $x_0 = o$ ist, wird

$$x = v_0 t + \frac{eu}{md} \cdot \frac{t^2}{2} \quad . \tag{2.6}$$

Nach der Zeit t_1 ist der Weg d zurückgelegt worden :

$$d = v_0 t_1 + \frac{eu}{md} \cdot \frac{t_1^2}{2} \quad .$$

Mit der Abkürzung $K = \frac{eu}{2md}$ wird

$$d = v_0 t_1 + K\, t_1^2 \quad .$$

Diese quadratische Gleichung kann nach t_1 aufgelöst werden :

$$t_1 = - \frac{v_0}{2K} \pm \sqrt{\left(\frac{v_0}{2K}\right)^2 + \frac{d}{K}} \quad .$$

Hierin wird das untere Vorzeichen fortgelassen, da $t_1 > o$ sein muß :

$$\boxed{t_1 = d \left[\sqrt{\frac{2m}{eu} + \left(\frac{mv_0}{eu}\right)^2} - \frac{mv_0}{eu} \right]} . \tag{2.7}$$

2.3 Das Elektron erfährt in y-Richtung eine Kraft vom Betrag

$$F = e\,E = e\,u/d \ ,$$

also die Beschleunigung

$$\frac{d^2y}{dt^2} = b_y = \frac{eu}{md} \quad .$$

Hieraus liefert eine zweimalige Integration

$$y = \frac{1}{2} \frac{eu}{md} t^2 \ ,$$

da $v_{yo} = o$ und $y_o = o$ ist. Die Zeit, in der in y-Richtung die Strecke d/2 durchlaufen wird, werde mit t_e bezeichnet :

$$\frac{d}{2} = \frac{1}{2} \frac{eu}{md} t_e^2$$

$$t_e = d \sqrt{\frac{m}{eu}} \quad .$$

Die Geschwindigkeit in x-Richtung ist konstant. In der Zeit t_e wird also in x-Richtung die Strecke

$$x_e = v_x t_e$$

$$\boxed{x_e = v_x d \sqrt{\frac{m}{eu}}}$$

zurückgelegt. Mit den angegebenen Zahlenwerten wird

$$x_e = \frac{5 \cdot 10^7}{s}\ \mathrm{cm} \sqrt{\frac{9{,}109 \cdot 10^{-28}\,\mathrm{g}}{1{,}602 \cdot 10^{-19}\,\mathrm{As} \cdot 10\,\mathrm{V}}}$$

Hierbei ist

$$1\ \mathrm{VAs} = 1\ \mathrm{Nm} = 1\ \mathrm{kg\,m^2/s^2} = 10^3\mathrm{gm^2/s^2}\ ;$$

damit wird

$$x_e = \frac{5 \cdot 10^9\,\mathrm{cm}^2}{s}\ 10^{-5} \sqrt{\frac{9{,}1009}{1{,}602}\ \frac{\mathrm{gs}^2}{10^3\,\mathrm{gm}^2}} = 50\ \mathrm{cm} \sqrt{\frac{9{,}109}{16{,}02}}$$

$$\boxed{x_e \approx 37{,}7\ \mathrm{cm}}\ .$$

2.4 *2.4.1* Das Elektron hat zur Zeit $t = 0$ die kinetische Energie

$$\frac{1}{2}\, m\, v_0^2\ .$$

Nachdem es den Weg x_1 im elektrischen Feld zurückgelegt hat, ist seine kinetische Energie auf den Wert

$$\frac{1}{2}\, m\, v_1^2$$

angewachsen, hat also um den Betrag

$$\frac{1}{2}\, m\, (v_1^2 - v_0^2)$$

zugenommen. Dieser Betrag ist vom elektrischen Feld aufgebracht worden :

$$eu = eEx_1 = \frac{1}{2}\, m(v_1^2 - v_0^2)\ .$$

Wegen $v_1 = 2\, v_0$ wird also

$$eEx_1 = \frac{3}{2}\, mv_0^2$$

$$\boxed{E = \frac{3}{2}\,\frac{mv_0^2}{ex_1}} \quad . \tag{2.8}$$

2.4.2 Wenn das Elektron den Weg x_2 zurückgelegt hat, ist seine Geschwindigkeit v_2 . Dann gilt

$$eEx = \frac{1}{2}\, m(v_2^2 - v_0^2) \quad ,$$

und wegen $v_2 = 4\, v_0$ wird

$$eEx_2 = \frac{15}{2}\, mv_0^2$$

$$x_2 = \frac{15}{2}\,\frac{mv_0^2}{eE} \quad .$$

Setzt man hierein das Ergebnis (2.8) ein, so wird

$$\boxed{x_2 = 5\, x_1} \, .$$

2.5 2.5.1 Für die Geschwindigkeit gilt

$$\vec{v} = \vec{e}_x v_x + \vec{e}_y v_y \quad ,$$

für ihren Betrag also

$$v = \sqrt{v_x^2 + v_y^2} \quad . \tag{2.9}$$

Außerdem ist

$$v_x(o) = v_x = v(o)\cos\alpha \tag{2.1o}$$

und

$$v_y(o) = v(o)\sin\alpha \quad . \tag{2.11}$$

Die Gleichung (2.11) gibt v_y nur zur Zeit $t = o$ an, für beliebige Zeiten t gilt

$$v_y(t) = -\frac{eu}{md}\, t + v_y(o) \quad . \tag{2.12}$$

Wenn beim Austritt ($t = t_2$) der Betrag der Geschwindigkeit ebenso groß wie beim Eintritt sein soll, so ist dies nur möglich, falls

$$|v_y(o)| = |v_y(t_2)|$$

wird, da v_x konstant bleibt. Es muß also gelten

$$v_y(t_2) = - v_y(o) \quad .$$

Setzt man dies in die Gleichung (2.12) ein, so wird

$$-v_y(o) = \frac{eu}{md} t_2 + v_y(o)$$

$$2v_y(o) = \frac{eu}{md} t_2 \quad .$$

Hieraus ergibt sich die Zeit t_2, nach der die y-Komponente der Geschwindigkeit ihren Wert gerade umgekehrt hat :

$$t_2 = 2 \frac{md}{eu} v_y(o) \quad . \qquad (2.13)$$

In dieser Zeit t_2 muß das Elektron in x-Richtung den Weg $x = a$ zurücklegen. Da v_x konstant ist, gilt

$$x = v_x t \quad ,$$

also speziell für $x = a$:

$$a = v_x t_2 \quad . \qquad (2.14)$$

Die Gleichungen (2.1o), (2.11), (2.13) und (2.14) enthalten die Unbekannten

$$\alpha, \; v_x, \; v_y(o) \text{ und } t_2 \quad ,$$

und wir können α aus ihnen berechnen. Setzt man die Gleichung (2.13) in (2.14) ein, so ergibt sich

$$a = 2 \frac{md}{eu} v_x \, v_y(o) \quad .$$

Wenn man hierein die Gleichungen (2.1o) und (2.11) einsetzt, so folgt daraus

$$a = 2\,\frac{md}{eu}\,v^2(o)\sin\alpha\cdot\cos\alpha$$

und wegen

$$\sin\alpha\cdot\cos\alpha = \frac{1}{2}\sin 2\alpha$$

wird

$$a = \frac{md}{eu}\,v^2(o)\sin 2\alpha$$

$$\sin 2\alpha = \frac{eua}{mdv^2(o)} \qquad (2.15)$$

$$\boxed{\alpha = \frac{1}{2}\,\text{arc sin}\,\frac{eua}{mdv^2(o)}}\;.$$

Anmerkung:

Der Winkel α kann Werte zwischen $-\pi/2$ und $+\pi/2$ annehmen :

$$-\pi/2 < \alpha < \pi/2 \;.$$

Es genügt, im folgenden nur positive Werte der Spannung u zu berücksichtigen (für negative Werte kehrt nach Gleichung (2.15) der Winkel α sein Vorzeichen um). Für positive u ergibt sich

$$o < \alpha < \pi/2 \;.$$

In diesem Bereich nimmt die Funktion $\sin 2\alpha$ den Wert

$$\frac{eua}{mdv^2(o)}$$

für die beiden Werte α_1 und α_2 an (Bild 2.6a),wenn die Bedingung

$$\frac{eua}{mdv^2(o)} < 1 \qquad (2.16)$$

erfüllt ist.

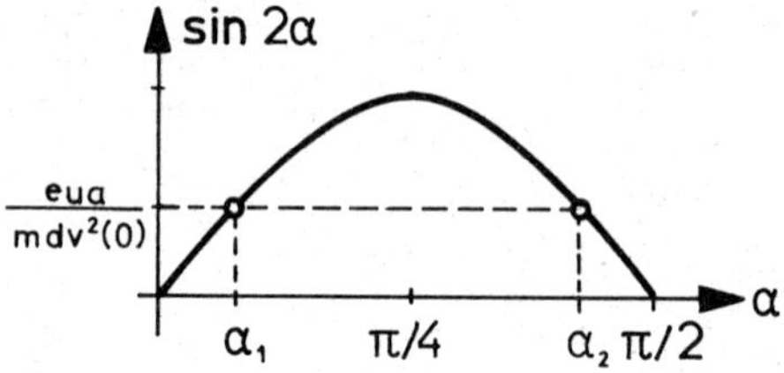

Bild 2.6a
Zur Berechnung des Eintrittswinkels

Die beiden Werte α_1 und α_2 sind symmetrisch zum Winkel $\pi/4$, so daß gilt

$$\alpha_1 + \alpha_2 = \pi/2 \quad .$$

Im allgemeinen ergeben sich also zwei verschiedene Lösungen für den gesuchten Winkel α und demnach auch zwei verschiedene Flugbahnen des Elektrons, wie in Bild 2.6b an einem Beispiel gezeigt wird. Ob die untere oder gar die obere Flugbahn möglich ist, hängt allerdings davon ab, ob der Plattenabstand so groß ist, daß das Elektron nicht an einer der Platten anstößt. Es muß also die Bedingung

$$|y(t)| < d/2$$

während des Elektronenfluges immer erfüllt sein, d.h. es gilt nach Benutzung des Energiesatzes (vgl. Aufgabe 2.6)

$$\frac{1}{2}\, m v_y^2(o) < e\,\frac{u}{2}$$

$$v_y^2(o) < \frac{eu}{m} \quad .$$

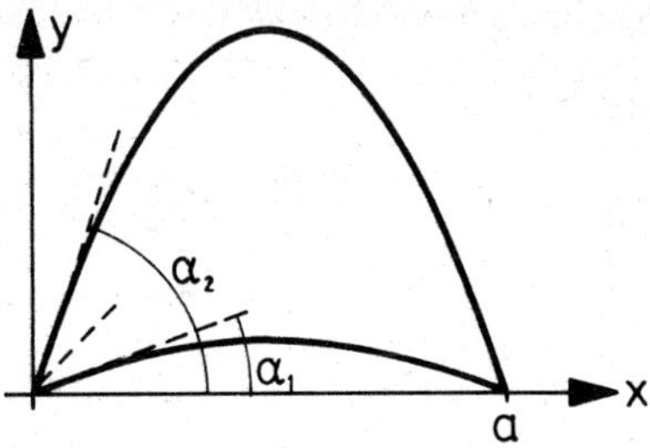

Bild 2.6b
Flugbahnen des Elektrons
im Plattenkondensator

2.5.2 Der Sinus von 2α kann höchstens den Wert

$$\sin 2\alpha = 1$$

erreichen, und zwar für $\alpha = \pi/4$. Auch die rechte Seite der Gleichung (2.15) darf also höchstens gleich eins werden. Daraus ergibt sich die Bedingung

$$\frac{eua}{mdv^2(o)} \leq 1 \quad . \tag{2.17}$$

Wenn die Spannung und die Abmessungen des Kondensators gegeben sind, ergibt sich also für die Eintrittsgeschwindigkeit die Bedingung

$$\boxed{v^2(o) \geq \frac{eu}{md}\, a} \quad . \tag{2.18}$$

Das bedeutet: wenn die Eintrittsgeschwindigkeit v(o) zu klein ist, wird das Elektron auf jeden Fall (d.h. unabhängig von α) auf die positiv geladene Kondensatorplatte auftreffen.

2.6 *2.6.1* In der Aufgabe 2.2 ist der Zusammenhang (2.6) zwischen dem Weg, den das Elektron zurückgelegt hat, und der dazu benötigten Zeit unter der Voraussetzung berechnet worden, daß die Feldstärke E konstant ist.

In der hier gestellten Aufgabe ist E aber eine Funktion des Weges x ; anstelle der Gleichung (2.5) müßte also nun geschrieben werden

$$v = v_0 + \int_0^t \frac{e}{m} E(x)d\tau \quad .$$

Diese Integration ist nicht ohne weiteres ausführbar, weil uns zwar E(x), nicht aber E(t) gegeben ist. Da aber die Feldstärke E(x) implizit auch von t abhängt, kann sie nicht als Konstante vors Integralzeichen gezogen werden.

Die beschriebenen Schwierigkeiten werden durch folgende Überlegung umgangen : Nachdem das Elektron den Weg x zurückgelegt hat, gilt für seine kinetische Energie

$$\frac{1}{2} mv^2(x) = -e \int_0^x E(\xi)d\xi \tag{2.19}$$

$$\frac{1}{2} mv^2(x) = e \int_0^x \frac{4}{3} \frac{u}{d^{4/3}} \xi^{1/3} d\xi$$

$$\frac{1}{2} mv^2(x) = e \frac{u}{d^{4/3}} x^{4/3} \quad , \tag{2.2o}$$

so daß sich

$$v(x) = \sqrt{\frac{2eu}{m}} \frac{x^{2/3}}{d^{2/3}} \tag{2.21}$$

ergibt. Wegen

$$v(x) = dx/dt \tag{2.22}$$

und damit

$$dt = dx/v(x) \tag{2.23}$$

wird

$$t(x) = \int_0^x \frac{d\xi}{v(\xi)} = \int_0^x \frac{\xi^{-2/3} d\xi}{\sqrt{2\frac{e}{m} u/d^{4/3}}} \quad , \tag{2.24}$$

also speziell für x = d gilt

$$t_2 = \int_0^d \frac{\xi^{-2/3} d\xi}{\sqrt{2\frac{e}{m}u/d^{4/3}}} = \sqrt{\frac{m}{2eu}}\, d^{2/3} \cdot 3d^{1/3}$$

$$\boxed{t_2 = \frac{3}{2}\, d \sqrt{\frac{2m}{eu}}} \quad . \qquad (2.25)$$

2.6.2 In der Aufgabe 2.2 ist die Flugzeit im raumladungsfreien Feld berechnet worden; für den Sonderfall $v_0 = o$ vereinfacht sich die Gleichung (2.7) zu

$$t_1 = d\sqrt{\frac{2m}{eu}} \quad . \qquad (2.26)$$

Vergleicht man die Gleichungen (2.25) und (2.26) miteinander, so erhält man

$$\boxed{t_2 = \frac{3}{2}\, t_0} \quad .$$

Anmerkung

Setzt man die Kenntnis des Energiesatzes (2.19) nicht voraus, so muß man ihn erst herleiten: Nach der Kettenregel der Differentialrechnung gilt

$$b(x) = \frac{dv(x)}{dt} = \frac{dv(x)}{dx} \cdot \frac{dx}{dt} = v(x)\, \frac{dv(x)}{dx}$$

und damit

$$b(x)dx = vdv$$

$$\int_0^x b(\xi)d\xi = \frac{1}{2}\, v^2(x) \quad .$$

Hieraus ergibt sich wegen

$$b(\xi) = \frac{e}{m}\, E(\xi)$$

unmittelbar die Gleichung (2.19) .

2.7 Diese Aufgabe unterscheidet sich prinzipiell nicht von der Aufgabe 2.6. Wir können auch hier - der Gleichung (2.19) entsprechend - schreiben

$$\frac{1}{2}\, mv^2(r) = -\, e \int_{r_1}^{r} E(\xi)d\xi \quad . \tag{2.26}$$

Für die Feldstärke gilt

$$E(\xi) = \frac{-Q}{4\pi\varepsilon\xi^2} \quad .$$

Setzt man dies in die Gleichung (2.26) ein,so wird

$$\frac{1}{2}\, mv^2(r) = \frac{eQ}{4\pi\varepsilon}\left(\frac{1}{r_1} - \frac{1}{r}\right) \quad .$$

Hieraus ergibt sich mit der Abkürzung

$$A = \sqrt{\frac{eQ}{2\pi\varepsilon m}}$$

für die Geschwindigkeit des Elektrons

$$v(r) = A\sqrt{1/r_1 - 1/r} \quad . \tag{2.27}$$

Der Gleichung (2.24) entsprechend folgt daraus

$$dt = \frac{d\xi}{v(\xi)} = \frac{d\xi}{A\sqrt{1/r_1 - 1/\xi}} \quad . \tag{2.28}$$

Die Lösung dieses Integrals ist umständlicher als die Auflösung des Integrals in Gleichung (2.24).
Mit der Substitution

$$z^2 = 1/r_1 - 1/\xi$$

wird

$$dz = \frac{d\xi}{2\xi^2\sqrt{1/r_1 - 1/\xi}} \; ; \quad \xi^2 = \frac{1}{(z^2 - 1/r_1)^2} \quad .$$

Setzt man dies in Gleichung (2.28) ein, so wird

$$dt = \frac{2dz}{A(z^2-1/r_1)^2} = \frac{2dz}{A(z+1/\sqrt{r_1})^2(z-1/\sqrt{r_1})^2} \quad .$$

Nach einer Partialbruchzerlegung und mit der Abkürzung

$$B = 1/\sqrt{r_1}$$

folgt daraus

$$dt = \frac{2dz}{4AB^2}\left[\frac{1}{(z+B)^2} + \frac{1}{(z-B)^2} + \frac{1}{B}\left(\frac{1}{z+B} - \frac{1}{z-B}\right)\right].$$

Die Integration dieses Ausdrucks ergibt

$$t = \frac{1}{2AB^2}\left[\frac{-1}{z+B} + \frac{-1}{z-B} + \frac{1}{B}\ln\frac{z+B}{z-B}\right] \quad .$$

Um die äußere Elektrode zu erreichen, braucht das Elektron also die Zeit

$$t_2 = \frac{1}{2AB^2}\left[\frac{-2z}{z^2-B^2} + \frac{1}{B}\ln\frac{z+B}{z-B}\right]_{r=r_1,\ z=o}^{r=r_2,\ z=\sqrt{1/r_1-1/r_2}}$$

$$\boxed{t_2 = \sqrt{\frac{\pi\varepsilon m}{2Qe}\,r_1^3}\left[2\sqrt{\frac{r_2}{r_1}\left(\frac{r_2}{r_1}-1\right)} + \ln\frac{\sqrt{r_2/r_1} + \sqrt{r_2/r_1-1}}{\sqrt{r_2/r_1} - \sqrt{r_2/r_1-1}}\right]} \quad .$$

b. Elektrisches Strömungsfeld

AUFGABEN

2.8 Durch einen Kupferdraht fließt ein Strom i, der über den Querschnitt A_0 gleichmäßig verteilt und zeitlich konstant ist.

2.8.1 Wie groß ist die Anzahl n der Elektronen pro Fläche und Zeit, die durch einen Querschnitt fließen ?

2.8.2 Welche mittlere Geschwindigkeit v haben die Elektronen im Draht, wenn N'_{Cu} die Dichte (d.h. die Anzahl pro Volumen) der im Kupfer frei beweglichen Elektronen ist ?

2.8.3 Welche Werte n und v ergeben sich in einem Kupferdraht mit $i = 5$ A, $A_0 = 2$ mm² und $N_{Cu} = 8{,}5 \cdot 10^{22}/\text{cm}^3$?

2.9 An der Grenzfläche zwischen zwei verschiedenen Dielektrika ($\varepsilon_1, \varepsilon_2$) gilt

$$D_{1n} = D_{2n} \quad ,$$

wenn die Grenzfläche keine Oberflächenladungen trägt.

2.9.1 Welche Bedingung müssen die Normalkomponenten I_{1n}, I_{2n} der Stromdichte erfüllen, wenn beide Dielektrika elektrisch leiten und sich keine Oberflächenladungen ausbilden sollen ?

2.9.2 Gegeben sei $\varepsilon_1/\varepsilon_2$. Welches Verhältnis κ_1/κ_2 müssen die Leitfähigkeiten haben, damit sich an der Grenzfläche keine Oberflächenladungen bilden, wenn ein Strom fließt ?

2.1o 2.1o.1 Wie groß ist die in einem ohmschen Widerstand R umgesetzte Leistung, wenn an ihn die Spannung u angelegt wird ?

2.1o.2 Man forme die erhaltene Gleichung für die Leistung so in eine zugeschnittene Größengleichung um, daß darin nur die Einheiten PS, V und Ω auftreten.
1 PS = 75 mkp/s.

2.11 Die Spannung u(t) an einem Plattenkondensator ($C_1 = 1\mu$F) wird langsam von $u_0 = 0$V bis auf $u_1 = 1$V erhöht. Danach wird die Kapazität durch Verringern des Plattenabstandes langsam von $C_1 = 1\mu F$ auf $C_2 = 4\mu F$ gebracht.

Welche Energie ist insgesamt von der Spannungsquelle an den Kondensator abgegeben worden ?

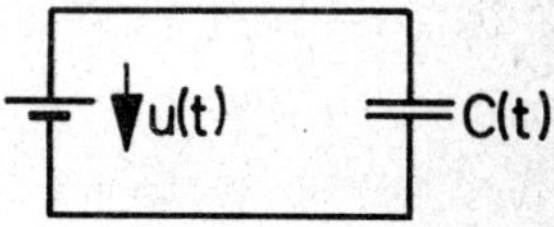

Bild 2.7
Zur Berechnung der Energie, die eine Spannungsquelle an einen Kondensator abgibt

LÖSUNGEN

2.8 2.8.1 Für den Strom gilt

$$i = dQ/dt \quad ,$$

und da er zeitlich konstant ist

$$i = Q/t \quad .$$

Mit

$$Q = neA \cdot t$$

wird

$$i = neA$$

$$\boxed{n = \frac{i}{Ae}} \qquad (2.29)$$

2.8.2 Zwischen der Stromdichte J, der Ladungsdichte ρ und der Geschwindigkeit v der Ladungsträger gilt die Beziehung

$$J = \rho v \quad .$$

Wegen

$$\rho = N_{Cu}e$$

und

$$J = i/A,$$

wird dann

$$i/A_0 = N_{Cu} e v$$

$$v = \frac{i}{A_0 N_{Cu} e} \quad ,$$

und mit der Gleichung (2.29) wird hieraus

$$\boxed{v = n/N_{Cu}} \quad .$$

2.8.3 Für die gegebenen Zahlenwerte gilt

$$n = \frac{5A \cdot 10^{19}}{2mm^2 \cdot 1,602As}$$

$$\boxed{n = 1,56 \cdot 10^{19}\ s^{-1} mm^{-2}}$$

und

$$v = \frac{1,56 \cdot 10^{19} \cdot 10^3 mm^3}{s \cdot mm^2 \cdot 8,5 \cdot 10^{22}}$$

$$\boxed{v = 0,184\ mm/s} \quad .$$

2.9 *2.9.1* Wenn keine Oberflächenladungen auf der Grenzfläche vorhanden sind, dann umschließt der skizzierte Quader keine Ladungen. Es gilt daher für die eingeschlossene Ladung Q

$$dQ/dt = 0 \quad .$$

Mit

$$dQ/dt = \oint \vec{J} \cdot d\vec{A} = AJ_{2n} - AJ_{1n}$$

wird hieraus

$$\boxed{J_{2n} = J_{1n}} \quad . \qquad (2.30)$$

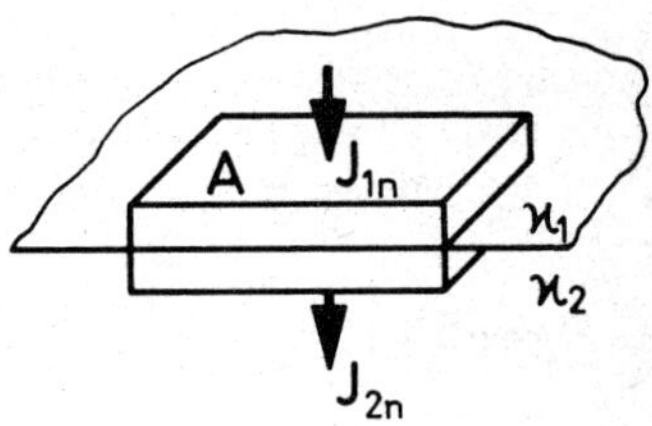

Bild 2.8
Zur Berechnung des Strömungsfeldes an einer Grenzfläche

2.9.2 Aus der Grenzbedingung

$$D_{1n} = D_{2n}$$

für die elektrische Erregung folgt

$$\varepsilon_1 E_{1n} = \varepsilon_2 E_{2n}, \qquad (2.31)$$

und aus Gleichung (2.3o) ergibt sich

$$\kappa_1 E_{1n} = \kappa_2 E_{2n} \quad . \qquad (2.32)$$

Der Vergleich der Gleichungen (2.31) und (2.32) ergibt

$$\boxed{\kappa_1/\kappa_2 = \varepsilon_1/\varepsilon_2} \quad .$$

2.1o *2.1o.1* In einem ohmschen Widerstand wird die Leistung

$$\boxed{P_R = u^2/R} \qquad (2.33)$$

verbraucht.

2.1o.2 Außerdem gilt

$$1\ \mathrm{W} = 1\ \mathrm{V}^2/\Omega \quad . \qquad (2.34)$$

Dividiert man die linke Seite der Größengleichung (2.33) durch die linke Seite der Einheitengleichung (2.34) und ebenso die rechte Seite von (2.33) durch die rechte Seite von (2.34), so entsteht

$$\frac{P_R}{\mathrm{W}} = \frac{(u/\mathrm{V})^2}{R/\Omega} \quad .$$

Mit

$$1\ \mathrm{PS} \approx 75 \cdot 9{,}81\ \mathrm{W} \approx 735{,}3\ \mathrm{W}$$

ergibt sich die zugeschnittene Größengleichung

$$\boxed{\frac{P_R}{\mathrm{PS}} \approx 1{,}36 \cdot 10^{-3}\ \frac{(u/\mathrm{V})^2}{R/\Omega}} \quad .$$

2.11 Beim Aufladen des Kondensators auf die Spannung $u_1 = 1$ V erhält er die Ladung

$$Q_1 = C_1 u_1 = 1\text{V} \cdot 1\mu\text{F} = 1o^{-6}\text{As} \quad .$$

Während die Spannung u_1 konstant gehalten und die Kapazität erhöht wird, erreicht die Kondensatorladung den Wert

$$Q_2 = C_2 u_2 = 1\text{V} \cdot 4\mu\text{F} = 4 \cdot 1o^{-6}\text{As} \ .$$

Von der Spannungsquelle wird die Energie

$$W = \int_{t_0}^{t_1} u i \, dt$$

$$W = \int_{Q_0}^{Q_1} u \, dQ \tag{2.35}$$

abgegeben, also während der Veränderung der Spannung bei konstanter Kapazität

$$W_1 = \int_0^{Q_1} \frac{Q}{C_1} dQ = \frac{1}{C_1} \int_0^{Q_1} Q dQ = \frac{1}{2C_1} Q_1^2 = \frac{1}{2} C_1 u_1^2$$

und während der Veränderung der Kapazität bei konstanter Spannung ($u = u_1$)

$$W_2 = \int_{Q_1}^{Q_2} u \, dQ = u_1 \int_{Q_1}^{Q_2} dQ = u_1(Q_2 - Q_1) = u_1^2(C_2 - C_1) \quad .$$

Insgesamt wird von der Spannungsquelle die Energie

$$W = W_1 + W_2$$

abgegeben. Es gilt also

$$\boxed{W = u_1^2(C_2 - C_1/2) = 3{,}5 \cdot 1o^{-6}\text{Ws}} \quad .$$

In Bild 2.9 wird die Spannung u als Funktion der Ladung Q dargestellt. Die Fläche unter dieser Funktion stellt gemäß Gleichung (2.35) die Energie dar, die von der Spannungsquelle abgegeben worden ist.

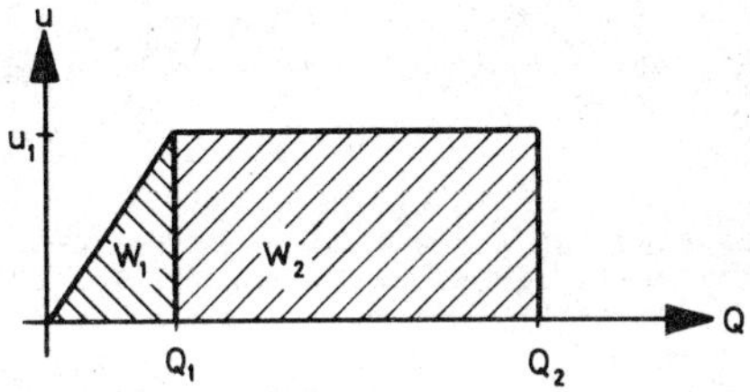

Bild 2.9
Energie eines Plattenkondensators

Anmerkung 1

Nachdem bei der Spannung u_1 die Kapazität auf den Wert C_2 gebracht worden ist, enthält der Kondensator die elektrische Energie

$$W_{el} = \frac{1}{2} C_2 u_1^2 = 2 \cdot 10^{-6} Ws \quad .$$

Die Differenz zwischen der von der Spannungsquelle abgegebenen Energie W und der Energie W_{el} ist als mechanische Energie W_{mech} beim Verringern des Plattenabstandes abgegeben worden :

$$W_{mech} = W - W_{el} = \frac{1}{2} (C_2 - C_1) u_1^2 \qquad (2.36)$$

$$W_{mech} = 1{,}5 \cdot 10^{-6} Ws \quad .$$

In Bild 2.1o werden die Größen W_{mech} und W_{el} veranschaulicht.

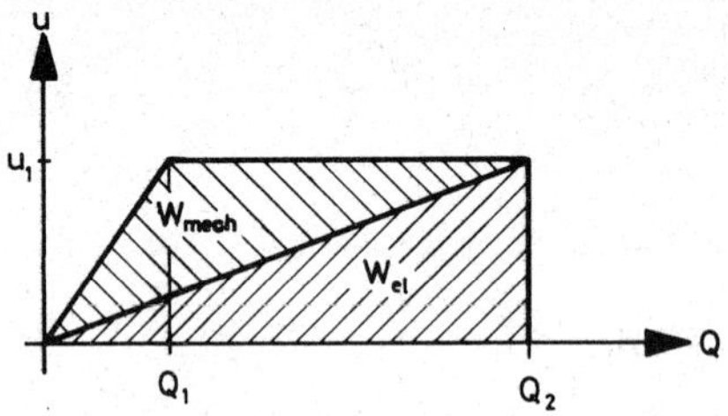

Bild 2.1o
Deutung der aufgenommenen Kondensatorenergie als Summe der mechanischen und der elektrisch gespeicherten Energie

Anmerkung 2

Am Beispiel eines Plattenkondensators findet man die Beziehung (2.36) durch folgende Überlegungen bestätigt :
Auf die Platten eines Plattenkondensators wirkt die Kraft

$$F = \frac{1}{2} QE \quad . \tag{2.37}$$

Hierbei ist

$$Q = Cu_1 = \frac{A\varepsilon}{x} u_1 \tag{2.38}$$

und

$$E = u_1/x \quad , \tag{2.39}$$

wobei x den Plattenabstand bezeichnet (Bild 2.11) .

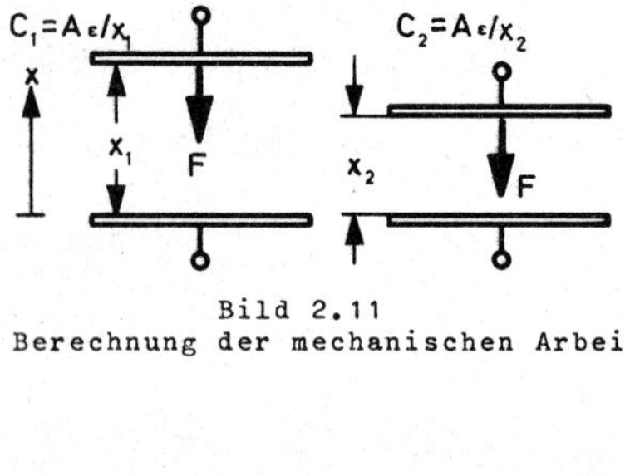

Bild 2.11
Zur Berechnung der mechanischen Arbeit

Setzt man die Gleichungen (2.38) und (2.39) in (2.37) ein, so erhält man (vgl. Gleichung 1.13)

$$F = \frac{1}{2} \frac{A\varepsilon}{x^2} u_1^2 \quad .$$

Wenn sich der Plattenabstand von x_1 auf x_2 verringert, dann gibt das Feld die folgende mechanische Arbeit ab :

$$W_{mech} = \int_1^2 \vec{F}\cdot d\vec{s} = - \int_{x=x_1}^{x=x_2} F dx = - \frac{1}{2} A\varepsilon u_1^2 \int_{x=x_1}^{x=x_2} \frac{dx}{x^2}$$

$$W_{mech} = \frac{1}{2} A\varepsilon u_1^2 (1/x_2 - 1/x_1) = \frac{1}{2} u_1^2 (A\varepsilon/x_2 - A\varepsilon/x_1)$$

$$W_{mech} = \frac{1}{2} (C_2 - C_1) u_1^2 \quad .$$

Für den Sonderfall eines Plattenkondensators haben wir damit die Beziehung (2.36) bestätigt.

c. Berechnung ohmscher Widerstände

AUFGABEN

2.12 Ein Koaxialkabel hat die Länge l, den Innenleiterradius r_0 und den Mantelradius r_2 . Der Raum zwischen Innenleiter und Mantel ist durch Isolationsmaterial mit der Leitfähigkeit κ ausgefüllt.

2.12.1 Wie groß ist der Isolationswiderstand R des Kabels ?

a) Man berechne R mit Hilfe der Definition

$$R = \frac{u}{I} \quad .$$

b) Man bestimme R von der schon berechneten Kapazität C des Koaxialkabels ausgehend.

2.12.2 Welche Verlustleistung P entsteht im Isolationswiderstand R, wenn zwischen Innenleiter und Mantel die Spannung u gelegt wird ?

2.12.3 Welche Werte nehmen R und P an, wenn $\kappa = 10^{-12}/\Omega m$, $r_0 = 2{,}5$ mm, $r_2 = 9$ mm, $l = 1$ km und $u = 10$ V vorgegeben werden ?

2.13 Die innere Elektrode eines Kugelkondensators hat den (Außen-Radius r_1 , die äußere Elektrode den (Innen-)Radius r_2 . Zwischen beiden Elektroden befindet sich ein Dielektrikum mit der spezifischen Leitfähigkeit κ . Zwischen beiden Elektroden liegt die Spannung u.

2.13.1 Wie groß ist der Höchstwert des Betrages der elektrischen Feldstärke $\vec{E}$ zwischen beiden Elektroden und wo tritt dieser Wert auf ?

2.13.2 Wie groß darf die Leitfähigkeit κ des Dielektrikums höchstens sein, wenn die im Dielektrikum verbrauchte Leistung einen Wert P_{max} nicht überschreiten soll ?

2.14 Gegeben ist ein halbkreisförmig gebogener Leiter mit rechteckigem Querschnitt. Die Querschnittsflächen A und B sind sehr gut leitende Kontaktflächen, deren Leitfähigkeit κ_1 wesentlich größer als die Leitfähigkeit κ des halbkreisförmigen Leiters ist.

Wie groß ist der elektrische Widerstand zwischen den Kontakten A und B ?

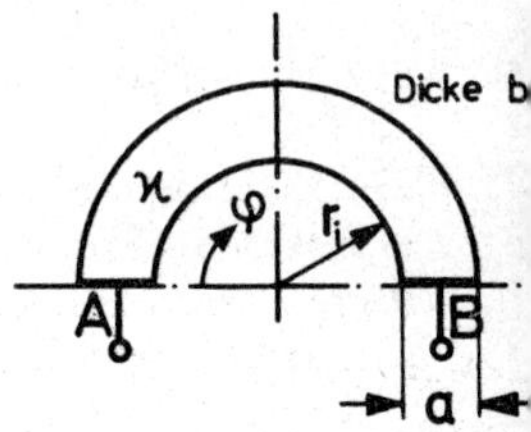

Bild 2.12
Gut leitende Ringhälft

2.15 Über einen Halbkugelerder fließt der Strom $i = 26,4$ A in den Erdboden ab ($\kappa = 10^{-2}$ S/m). Wie groß ist die Schrittspannung u_{ab} zwischen zwei Punkten, von denen der eine $a = 2,1$ m und der andere $b = 2,8$ m vom Punkt M entfernt ist ?

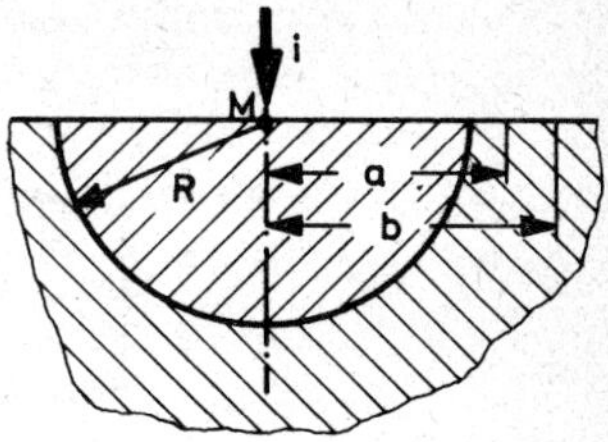

Bild 2.13
Halbkugelerder

2.16 Ein Leiter hat die Form eines Kegelstumpfes. Wie groß ist der ohmsche Widerstand zwischen den beiden sehr gut leitenden Grundflächen des Kegelstumpfes ? Welche Vernachlässigung ist nötig, damit der Widerstand einfach berechnet werden kann ?

$l = 1$ m, $r_1 = 10$ cm, $r_2 = 20$ cm, $\kappa_{Cu} = 56$ Sm/mm² .

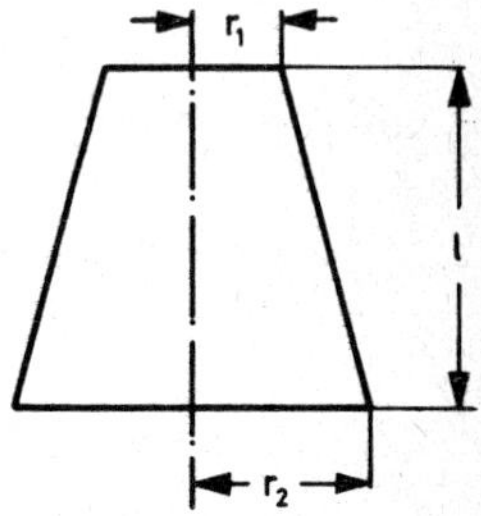

Bild 2.14
Leitender Kegelstumpf

2.17 Die Mantelfläche eines Kegelstumpfes ist mit Kupferblech belegt. Der ohmsche Widerstand des Kupfermantels zwischen den beiden Grundflächen des Körpers ist allgemein und für die folgenden Zahlenwerte zu berechnen :

$$r_1 = 10 \text{ cm}$$
$$\alpha = 70^\circ$$
$$l = 18{,}79 \text{ cm}$$
$$d = 1 \text{ mm}$$
$$\kappa_{Cu} = 56 \text{ S} \frac{\text{m}}{\text{mm}^2}$$

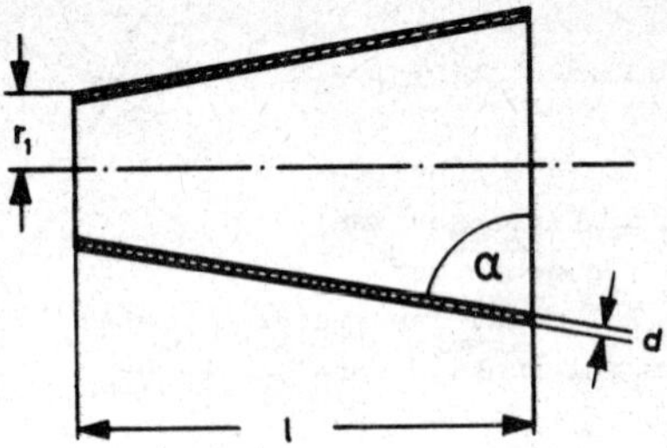

Bild 2.15
Leitender Kegelstumpfmantel

LÖSUNGEN

2.12 2.12.1 a) Im Koaxialkabel verteilt sich ein vom Innen- zum Außenleiter fließender Strom zylindersymmetrisch :

$$J = \frac{i}{2\pi l r} \quad .$$

Demnach wird die elektrische Feldstärke

$$E = \frac{J}{\kappa} = \frac{i}{2\pi\kappa l r}$$

und die Spannung zwischen den Elektroden

$$u = \int_{r=r_0}^{r=r_2} E \, dr = \frac{i}{2\pi\kappa l} \ln\frac{r_2}{r_0} \quad .$$

Wegen

$$R = u/i$$

gilt also für den Isolationswiderstand des Kabels

$$\boxed{R = \frac{\ln(r_2/r_0)}{2\pi\kappa l}} \quad . \tag{2.4o}$$

b) Für die Kapazität C des Koaxialkabels (Zylinderkondensators) gilt die Gleichung (1.55) :

$$C = \frac{2\pi\varepsilon_0 l}{\ln(r_2/r_0)} \quad . \tag{2.41}$$

Der Leitwert einer Anordnung läßt sich aus dessen Kapazität berechnen :

$$G = \frac{\kappa}{\varepsilon} C \quad .$$

Also wird

$$R = \frac{\varepsilon}{\kappa C} \quad .$$

Setzt man hierein die Gleichung (2.41) ein, so findet man das Ergebnis (2.4o) bestätigt.

2.12.2 Die Verlustleistung ist

$$\boxed{P = u^2/R} \quad . \tag{2.33}$$

2.12.3 Mit den gegebenen Zahlenwerten wird

$$R = \frac{\ln(9/2{,}5)\cdot 1o^{12}\Omega m}{2\pi\cdot 1o^3 m} = \frac{\ln 3{,}6}{2\pi} 1o^9\Omega$$

$$\boxed{R \approx 2o4\ M\Omega}$$

$$P \approx \frac{1o^2 V^2}{2o4\cdot 1o^6\Omega}$$

$$\boxed{P \approx o{,}49\ \mu W} \quad .$$

2.13 *2.13.1* Der Strom i zwischen beiden Elektroden (Bild 2.16) verteilt sich gleichmäßig über konzentrische Kugelflächen :

$$J = \frac{i}{4\pi r^2} \quad .$$

Daraus ergibt sich als Feldstärke

$$E = J/\kappa = \frac{i}{4\pi\kappa r^2} \quad . \tag{2.42}$$

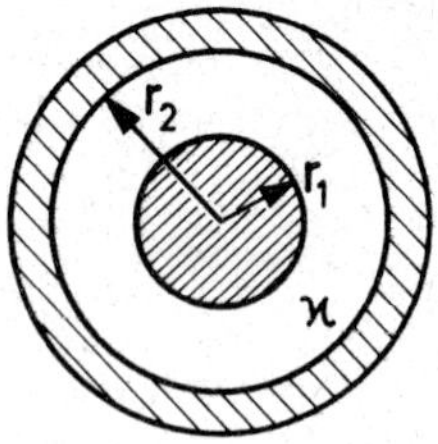

Bild 2.16
Kugelkondensator

Die Spannung geht aus der Integration der Feldstärke hervor :

$$u = \int_{r=r_1}^{r=r_2} E \, dr = \frac{i}{4\pi\kappa} (1/r_1 - 1/r_2) \quad . \tag{2.43}$$

Durch den Vergleich der Gleichungen (2.42) und (2.43) läßt sich i eliminieren :

$$E = \frac{u}{(1/r_1 - 1/r_2) r^2} \quad .$$

Ihren größten Wert E_{max} hat die Feldstärke offenbar für den kleinsten möglichen Wert von r, also für $r = r_1$:

$$E_{max} = \frac{u}{(1/r_1 - 1/r_2) r_1^2}$$

$$\boxed{E_{max} = \frac{u}{r_1 (1 - r_1/r_2)} \qquad \text{für } r = r_1} \quad .$$

2.13.2 Der Widerstand zwischen beiden Elektroden ist

$$R = u/i \quad ,$$

mit der Gleichung (2.43) für die Spannung u gilt also

$$R = \frac{(1/r_1 - 1/r_2)}{4\pi\kappa} \quad .$$

Es wird demnach im Widerstand zwischen den Elektroden die Leistung

$$P = \frac{u^2}{R} = \frac{4\pi\kappa u^2}{1/r_1-1/r_2} \tag{2.44}$$

verbraucht. Wenn diese Leistung den Wert $P = P_{max}$ nicht überschreiten soll, dann darf die Leitfähigkeit κ höchstens den Wert

$$\boxed{\kappa_{max} = \frac{P_{max}(1/r_1-1/r_2)}{4\pi u^2}}$$

annehmen.

Anmerkung

Die Gleichung (2.44) erhält man auch, wenn die Leistungsdichte

$$p = EJ = \kappa E^2 = \frac{\kappa u^2}{(1/r_1-1/r_2)^2 r^4}$$

über das Volumen des Dielektrikums integriert wird :

$$P = \int_V p dV = \int_{r=r_1}^{r=r_2} \frac{\kappa u^2}{(1/r_1-1/r_2)^2 r^4} 4\pi r^2 dr = \frac{4\pi\kappa u^2}{(1/r_1-1/r_2)} .$$

2.14 Die beiden sehr gut leitenden Kontaktflächen A und B sind so angeordnet, daß alle Äquipotentialflächen radial verlaufen; die Feldlinien stehen senkrecht auf den Äquipotentialflächen (vgl. Aufgabe 1.4), sie sind also konzentrische Kreise. Auf jedem solchen Kreis mit dem Radius r ($r_1 \leq r \leq r_1 + a$) gilt

$$u = \int_{\phi=0}^{\phi=\pi} \vec{E} \cdot d\vec{s} = \int_{\phi=0}^{\phi=\pi} E \, ds = E \int_{\phi=0}^{\phi=\pi} ds = E \int_{\phi=0}^{\phi=\pi} r d\phi$$

$$u = Er\pi .$$

Für den Betrag der Feldstärke gilt also

$$E = \frac{u}{\pi r} \; ; \tag{2.45}$$

die Stromdichte ist

$$J = \frac{\kappa u}{\pi r} \quad .$$

Hierbei bezeichnet u die Spannung zwischen den Elektroden A und B. Der Strom, der durch den Leiter fließt, ist

$$i = \int_A \vec{J} \cdot d\vec{A} = \int_{r=r_i}^{r=r_i+a} \frac{\kappa u b}{\pi r} dr = \frac{\kappa u b}{\pi} \ln \frac{r_i + a}{r_i} \quad .$$

Wegen R = u/i wird dann

$$\boxed{R = \frac{\pi}{\kappa b \ln \frac{r_i + a}{r_i}}} \quad .$$

2.15 In einem kugelförmigen Erder, der überall vom Erdboden umgeben ist, ergibt sich ein kugelsymmetrisches Feld mit radialen Feldlinien und konzentrischen Äquipotentialflächen. Da die Leitfähigkeit des Erders, aber auch die des Erdbodens viel größer als die Leitfähigkeit der Luft sind, so bleibt in der Anordnung, die in Bild 2.13 dargestellt ist, der radiale Feldverlauf des kugelsymmetrischen Falles erhalten. Wegen ihrer geringen Leitfähigkeit kann die Luft als Isolator angesehen werden. Deshalb verteilt sich der Strom i praktisch nur auf den Erder und den Erdboden, und an den Grenzflächen zwischen dem Erder und der Luft und zwischen dem Erdboden und der Luft entsteht keine Verzerrung des radialen Strömungsfeldes.
Da der Strom i sich also gleichmäßig über den Halbkugelerder und den umgebenden Erdboden verteilt, gilt dort

$$J = \frac{i}{2\pi r^2} \quad . \qquad (2.46)$$

Die Feldstärke ist

$$E = J/\kappa = \frac{i}{2\pi\kappa r^2} \quad ,$$

und die Spannung zwischen zwei Punkten, die die Abstände a und b vom Punkt M der Halbkugel haben, ist

$$u_{ab} = \int_{r=a}^{r=b} E \, dr$$

$$\boxed{u_{ab} = \frac{i}{2\pi\kappa} (1/a - 1/b)} \; .$$

Mit den gegebenen Zahlenwerten wird

$$u_{ab} = \frac{26{,}4\text{A}\cdot\text{m}\cdot 10^2\text{V}}{2\pi\text{A}}\left(\frac{1}{2{,}1\text{m}} - \frac{1}{2{,}8\text{m}}\right) = \frac{264\cdot 10^2}{2\pi\cdot 7\cdot 12}\ \text{V}$$

$$\boxed{u_{ab} = 50\ \text{V}} \; .$$

2.16 Der Widerstand, den ein Kegelstumpf zwischen seinen Grundflächen hat, kann nicht mit einfachen Mitteln berechnet werden. Hier sollen zwei Wege vorgeschlagen werden, auf denen er ungefähr bestimmt werden kann :

1. Man wählt einen Körper, der dem Kegelstumpf möglichst ähnlich ist und dessen Widerstand außerdem auf einfache Weise exakt berechenbar ist (Kugelschalen-Ausschnitt mit kreisförmigem Querschnitt).
2. Man berechnet den Widerstand für den Kegelstumpf selbst, was aber nur näherungsweise möglich ist (siehe Anmerkung 2).

Ersetzt man die Grundflächen des Kegelstumpfes durch kreisförmige Ausschnitte konzentrischer Kugelflächen (Bild 2.17), so läßt sich das Feld in einer solchen Anordnung exakt angeben : Auf einer Kugelschale verteilt sich der Strom gleichmäßig, und es gilt für den Betrag der Stromdichte

$$J = \frac{i}{A(\rho)} \quad . \tag{2.47}$$

Wir gehen also auch hier - ebenso wie bei der Aufstellung der Gleichung (2.46) - davon aus, daß in der betrachteten Anordnung die Kugelsymmetrie des Feldes erhalten bleibt.

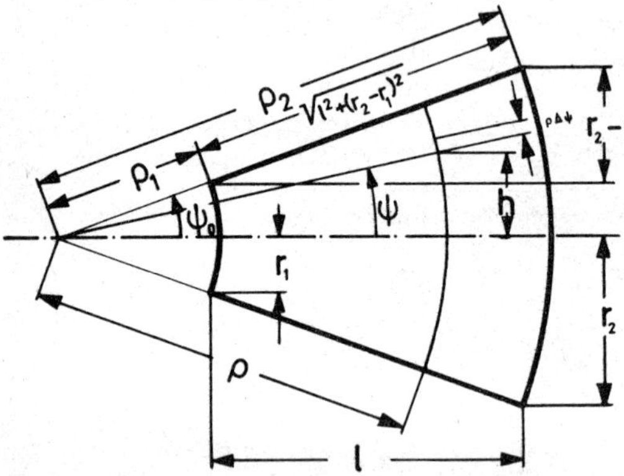

Bild 2.17
Zur Berechnung des Widerstandes eines Kugelschalenausschnittes

In der Gleichung (2.47) bezeichnet A(ρ) den Inhalt eines kreisförmigen Kugeloberflächen-Ausschnittes. Ein ringförmiges Element von A(ρ) hat die Größe

$$\Delta A = 2\pi h\rho\Delta\psi \quad ;$$

hierbei ist

$$h = \rho\sin\psi \quad ,$$

so daß

$$\Delta A = 2\pi\rho^2\sin\psi\Delta\psi$$

wird. Für $A(\rho)$ gilt dann

$$A(\rho) = \int_0^{\psi_0} 2\pi\rho^2 \sin\psi d\psi = 2\pi\rho^2 \int_0^{\psi_0} \sin\psi d\psi = 2\pi\rho^2 (1-\cos\psi_0) \ .$$

Setzt man dies in die Gleichung (2.47) ein, so wird

$$J = \frac{i}{2\pi\rho^2(1-\cos\psi_0)} \ .$$

Die elektrische Feldstärke ist

$$E = J/\kappa = \frac{i}{2\pi\kappa\rho^2(1-\cos\psi_0)} \ ,$$

als Spannung zwischen den Elektroden ergibt sich

$$u = \int_{\rho=\rho_1}^{\rho=\rho_2} E d\rho = \frac{i}{2\pi\kappa(1-\cos\psi_0)} \int_{\rho_1}^{\rho_2} \frac{d\rho}{\rho^2} = \frac{i(1/\rho_1 - 1/\rho_2)}{2\pi\kappa(1-\cos\psi_0)} \ .$$

Der Widerstand des kreisförmigen Kugelschalen-Ausschnittes, durch den wir den Kegelstumpf ersetzen, ist demnach

$$R_1 = \frac{u}{i} = \frac{(1/\rho_1 - 1/\rho_2)}{2\pi\kappa(1-\cos\psi_0)} \ . \qquad (2.48)$$

Hierin müssen die Größen ρ_1, ρ_2 und $\cos\psi_0$ noch durch die gegebenen Größen ausgedrückt werden. Es gilt nach dem Strahlensatz

$$r_1/\rho_1 = (r_2 - r_1)/\sqrt{l^2+(r_2 - r_1)^2}$$

und

$$r_2/\rho_2 = (r_2 - r_1)/\sqrt{l^2+(r_2 - r_1)^2} \ ,$$

etwas umgeformt also

$$\frac{1}{\rho_1} = \frac{r_2 - r_1}{r_1\sqrt{l^2+(r_2-r_1)^2}} \qquad (2.49)$$

und

$$\frac{1}{\rho_2} = \frac{r_2 - r_1}{r_2\sqrt{l^2+(r_2-r_1)^2}} \quad . \tag{2.5o}$$

Außerdem ist

$$\cos\psi_0 = \frac{l}{\sqrt{l^2+(r_2-r_1)^2}} \quad . \tag{2.51}$$

Setzt man die Gleichungen (2.49), (2.5o) und (2.51) in (2.48) ein, dann erhält man

$$\boxed{R_1 = \frac{1}{2\pi\kappa r_2 r_1} \cdot \frac{[(r_2-r_1)/l]^2}{\sqrt{1+[(r_2-r_1)/l]^2}-1}} \quad . \tag{2.52}$$

Dies ist der Widerstand des Kugelschalenstückes, das wir dem gegebenen Kegelstumpf zugeordnet haben. Für die angegebenen Zahlenwerte wird

$$R_1 \approx 1o^2\,\mu\Omega/(2\pi \cdot 56)$$

$$\boxed{R_1 \approx o{,}284\ \mu\Omega} \quad .$$

Anmerkung 1

Es soll untersucht werden, ob für $r_2 = r_1 = r$ der Widerstand R_1 in den Widerstand

$$R_Z = \frac{1}{\pi\kappa r^2} \tag{2.53}$$

eines Kreiszylinders übergeht. Wir kürzen deswegen ab

$$(r_2 - r_1)^2/l^2 = y \quad .$$

Es wird damit

$$R_1 = R_Z \frac{r^2}{r_1 r_2} \cdot \frac{y/2}{\sqrt{1+y}-1} \quad ,$$

und für $r_2 = r_1$, also $y = o$, ergibt sich zunächst der unbestimmte Wert

$$\lim_{y \to o} R_1 = \frac{o}{o} \; ,$$

den wir nach der l'Hospitalschen Regel genau bestimmen können :

$$\lim_{y \to o} R_1 = R_z \cdot 1 \cdot \lim_{y \to o} \frac{\frac{1}{2}\frac{d}{dy}y}{\frac{d}{dy}(\sqrt{1+y}\;-1)} = R_z \cdot \lim_{y \to o} \frac{\frac{1}{2}}{\frac{1}{2\sqrt{1+y}}} \; .$$

Es wird also tatsächlich

$$\lim_{r_2 \to r_1} R_1 = R_z \; .$$

Anmerkung 2

Man kann den Widerstand des Kegelstumpfes auch dadurch berechnen, daß man den Kegelstumpf in dünne zylindrische Scheibchen zerlegt, deren Begrenzungsflächen einerseits von den Äquipotentialflächen und andererseits von den Feldlinien gebildet werden. Der Widerstand dieser Scheibchen läßt sich dann leicht angeben, und man erhält den Widerstand des Kegelstumpfes, indem man die Widerstände dieser Scheibchen addiert.

Da für den Kegelstumpf die Angabe der Äquipotentialflächen und Feldlinien nicht einfach möglich ist, kann die Berechnung des Widerstandes nur näherungsweise durchgeführt werden (Bild 2.18).

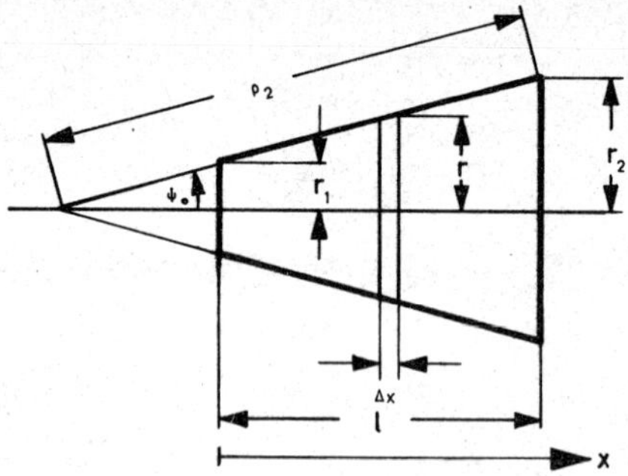

Bild 2.18
Zur Darstellung des Kegelstumpfwiderstandes durch Reihenschaltung zylindrischer Scheibchen

Der Widerstand eines Zylinders mit der Höhe Δx und der Grundfläche πr^2 ist nur dann

$$\Delta R_2 = \frac{\Delta x}{\kappa \pi r^2} , \tag{2.54}$$

wenn die Feldlinien in x-Richtung verlaufen, was ganz bestimmt am Rande nicht erfüllt ist (aber umso besser, je kleiner der Winkel ψ_0 ist). Setzt man dies indessen voraus, dann ergibt sich R_2 aus der folgenden Berechnung. Es ist

$$\rho_2/r_2 = l/(r_2 - r_1) \tag{2.55}$$

und

$$(\rho_2 - x)/r = l/(r_2 - r_1) . \tag{2.56}$$

Formt man die Gleichung (2.55) um,

$$\rho_2 = \frac{l r_2}{r_2 - r_1} ,$$

und setzt dies in (2.55) ein, so wird

$$\frac{1}{r} = \frac{l}{(r_2-r_1)(\rho_2-x)} = \frac{l}{lr_2-x(r_2-r_1)} \quad . \tag{2.57}$$

Dies setzt man in die Gleichung (2.54) ein und erhält

$$\Delta R_2 = \frac{l^2\Delta x}{\kappa\pi\left[lr_2-x(r_2-r_1)\right]^2} \ ,$$

also

$$R_2 = \int\limits_{x=o}^{x=l} \frac{l^2 dx}{\kappa\pi\left[lr_2-x(r_2-r_1)\right]^2} \quad . \tag{2.58}$$

In dieser Gleichung substituieren wir

$$lr_2-x(r_2-r_1) = \eta \ .$$

Damit wird

$$R_2 = -\int\limits_{\eta=lr_2}^{\eta=lr_1} \frac{l^2 d\eta}{(r_2-r_1)\kappa\pi\eta^2} = \frac{l}{(r_2-r_1)\kappa\pi}\left[\frac{1}{r_1} - \frac{1}{r_2}\right]$$

$$\boxed{R_2 = \frac{l}{\pi\kappa r_1 r_2}} \quad .$$

Im Grenzfall $r_1 = r_2 = r$ sehen wir also auch hier, daß $R_2 = R_z$ wird. Für die angegebenen Zahlenwerte ist

$$R = \frac{1o^2}{2\pi\cdot 56}\ \mu\Omega \quad .$$

2.17 Der Strom i verteilt sich gleichmäßig über den Querschnitt A(x) :

$$J = i/A(x) \quad .$$

Die Randverzerrungen an den beiden Grundflächen werden dabei vernachlässigt, und es ist (vgl. Bild 2.19)

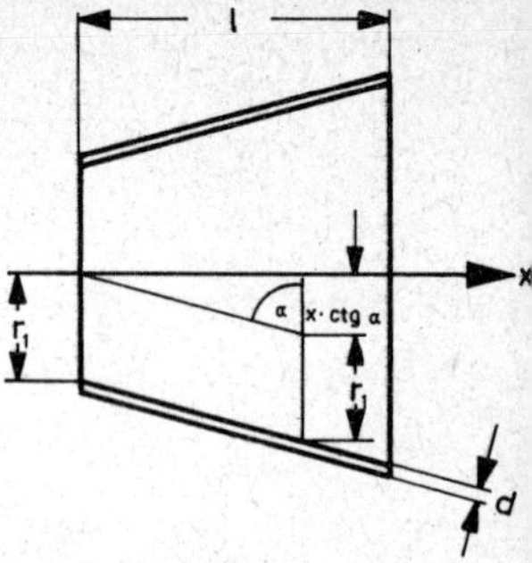

Bild 2.19
Zur Berechnung des Widerstandes einer Kegelstumpf-Mantelfläche

$$A(x) \approx 2\pi r d = 2\pi d(r_1 + x\ \mathrm{ctg}\alpha),$$

so daß

$$J = \frac{i}{2\pi d(r_1 + x\ \mathrm{ctg}\alpha)}$$

und

$$E = J/\kappa = \frac{i}{2\pi\kappa d(r_1 + x\ \mathrm{ctg}\alpha)}$$

wird. Für die Spannung gilt

$$u = \int_0^{s_1} E\, ds$$

und wegen

$$\Delta s = \Delta x/\sin\alpha$$

(vgl. Bild 2.2o) wird

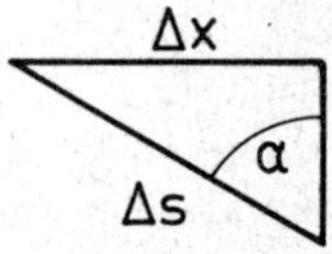

Bild 2.2o
Zur Integration der elektrischen Feldstär

$$u = \int_0^l E\,\frac{dx}{\sin\alpha} = \frac{i}{2\pi\kappa d\cos\alpha}\int_0^l \frac{dx}{x + r_1\tan\alpha}$$

$$u = \frac{i}{2\pi\kappa d\cos\alpha}\ln\frac{l + r_1\tan\alpha}{r_1\tan\alpha} \quad .$$

Für den Widerstand gilt damit wegen $R = u/i$

$$\boxed{R = \frac{1}{2\pi\kappa d\cos\alpha}\ln\frac{l + r_1\tan\alpha}{r_1\tan\alpha}}. \qquad (2.59)$$

Für die gegebenen Zahlenwerte wird dann

$$R = \frac{\Omega mm^2}{56\cdot 10^3 mm\cdot 2\pi\cdot mm\cdot\cos 70^0}\ln\frac{18,79+10\tan 70}{10\tan 70^0}$$

$$R \approx \frac{10^{-3}\Omega}{2\pi\cdot 56\cdot 0,342}\ln\frac{18,79+27,4}{27,4} \approx \frac{10^{-3}\cdot 0,523}{2\pi 56\cdot 0,342}\,\Omega$$

$$\boxed{R \approx 4,35\ \mu\Omega\ .}$$

Anmerkung

Für $\alpha = \pi/2$ ergibt sich aus Gleichung (2.59) zunächst der unbestimmte Wert

$$\lim_{\alpha\to\pi/2} R = \frac{0}{0}\quad .$$

Zur Berechnung dieses zunächst unbestimmten Wertes formen wir die Gleichung (2.59) etwas um,

$$R = \frac{\ln\dfrac{l\cos\alpha + r_1\sin\alpha}{r_1\sin\alpha}}{2\pi\kappa d\cos\alpha}\ ,$$

und wenden die l'Hospitalsche Regel an :

$$\lim_{\alpha\to\pi/2} R = \lim_{\alpha\to\pi/2}\frac{\dfrac{d}{d\alpha}\ln\dfrac{l\cos\alpha + r_1\sin\alpha}{r_1\sin\alpha}}{\dfrac{d}{d\alpha}(2\pi\kappa d\cos\alpha)}$$

$$\lim_{\alpha\to\pi/2} R = \lim_{\alpha\to\pi/2}\frac{-r_1^2 l\sin\alpha}{-2\pi\kappa d\sin\alpha(l\cos\alpha + r_1\sin\alpha)r_1^2\sin^2\alpha}$$

$$\lim_{\alpha\to\pi/2} R = \frac{1}{2\pi r_1 d\kappa}\quad .$$

Durch den Grenzübergang $\alpha\to\pi/2$ erhält man also aus dem Widerstand der Kegelstumpf-Mantelfläche als Sonderfall tatsächlich den Widerstand einer Zylinder-Mantelfläche.

3. ZWEIPOLE

AUFGABEN

3.1 3.1.1 Gegeben sind die beiden parallelgeschalteten Widerstände R_1 und R_2 und der Strom i, der durch diese Parallelschaltung hindurchfließt.
Man berechne den Strom i_2 .

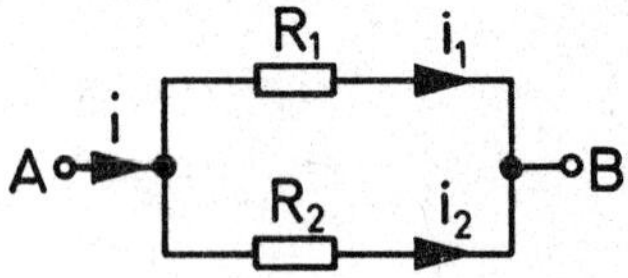

Bild 3.1
Parallelschaltung zweier Widerstände

3.1.2 Gegeben sind die drei parallelgeschalteten Widerstände R_1, R_2 und R_3 und der gesamte Strom i.
Man berechne den Strom i_3 .

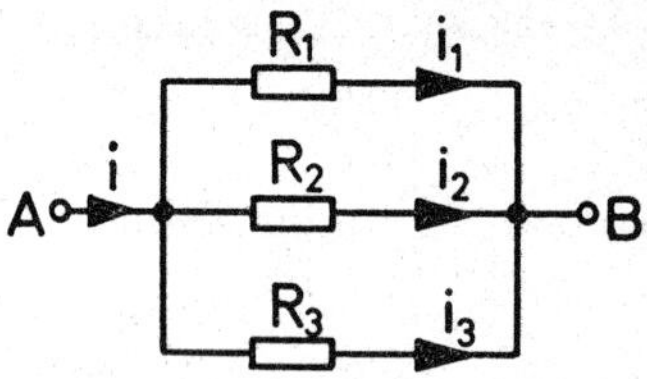

Bild 3.2
Parallelschaltung dreier Widerstände

3.2 Man berechne den Widerstand R_n so, daß in ihm eine möglichst große Leistung verbraucht wird (Leistungs-Anpassung).

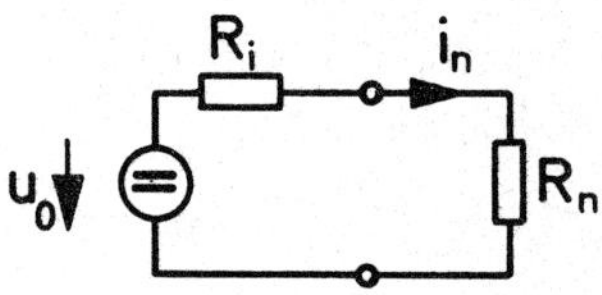

Bild 3.3
Zur Berechnung der maximalen Nutzleistung

3.3 Für die nebenstehende Schaltung, in der die Spannung u_0 und die beiden Widerstände R gegeben sind, sollen die Nutzleistung und der Wirkungsgrad berechnet werden.
Als Nutzleistung soll die Leistung angesehen werden, die vom Widerstand R_n verbraucht wird.
Der Wirkungsgrad ist das Verhältnis der Nutzleistung P_n zur Gesamtleistung P_g :

$$\eta = P_n/P_g \quad .$$

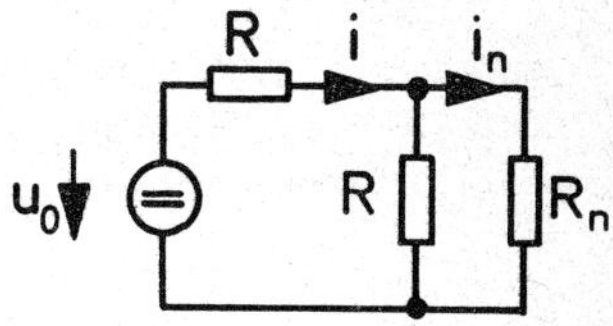

Bild 3.4
Zur Berechnung der Nutzleistung und des Wirkungsgrades

Hierbei ist die Gesamtleistung P_g die Leistung, die in allen drei Widerständen der Schaltung verbraucht wird, also die gesamte von der Spannungsquelle abgegebene Leistung.

3.3.1 Man berechne die Nutzleistung P_n für die nebenstehende Schaltung.

3.3.2 Bei welchem Wert R_{n1} des Widerstandes R_n erreicht die Nutzleistung P_n ihr Maximum P_{nmax} ?

3.3.3 Man berechne den Wirkungsgrad η für die nebenstehende Schaltung.

3.3.4 Welchen Wert R_{n2} muß der Widerstand R_n annehmen, damit der Wirkungsgrad η sein Maximum η_{max} erreicht ?

3.3.5 Man berechne den Wirkungsgrad η_1 bei maximaler Nutzleistung und den maximalen Wirkungsgrad η_{max} .

3.4 Der Durchlaßwiderstand einer Halbleiterdiode nimmt mit wachsendem Durchlaßstrom stark ab. Das zeigt z.B. die nachfolgende im Durchlaßbereich bei 20°C gemessene Kennlinie

$$i_D = f(u_D)$$

einer Germanium-Golddrahtdiode :

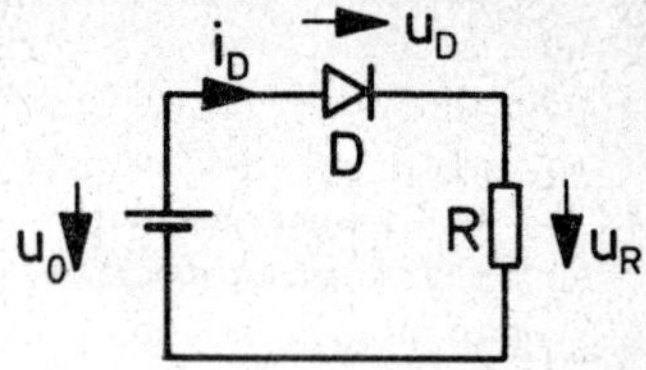

Bild 3.5
Gleichspannungsquelle an der Rei-
henschaltung einer Diode und ein
Widerstandes

u_D/V	0,15	0,2	0,25	0,3	0,35	0,4	0,45	0,5	0,55	0,6	0,
i_D/mA	0,1	0,45	1,51	4,2	9,6	18,4	31	50	72	97	12

3.4.1 Man skizziere den Widerstand

$$R_D = u_D/i_D$$

der Diode als Funktion der Spannung u_D .

3.4.2 Welcher Strom i_D stellt sich in der abgebildeten Schaltung ein, wenn u_0 = 1 V und R = 10Ω ist ?

3.4.3 Wie groß muß R gewählt werden, wenn sich für u_0 = 1 V der Strom

$$i_D = 28 \text{ mA}$$

einstellen soll ?

3.5 Gegeben ist ein elektrischer Stromkreis; Bild 3.6. Für die Metallfadenlampe G wurde folgende Kennlinie aufgenommen :

u_G/V	0	10	20	40	60	80	100	120	140
i_G/A	0	0,082	0,105	0,135	0,159	0,178	0,195	0,210	0,222

u_G/V	160	180	200	220	240
i_G/A	0,234	0,248	0,261	0,273	0,283

u_0 = 220 V

R_1 = 440 Ω

R_2 = 1,44 kΩ

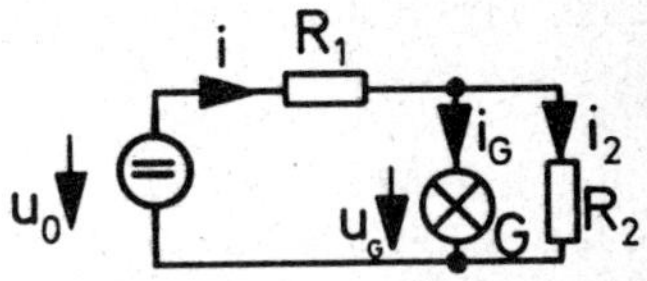

Bild 3.6
Netz mit Glühlampe

3.5.1 Gesucht ist die Kennlinie $i = f(u_G)$ der Parallelschaltung von G und R_2 .

3.5.2 Wie groß ist der Strom i, wenn die gesamte Schaltung an eine Spannungsquelle mit der Klemmenspannung u_0 = 220 V angeschlossen wird ?

[3.5.3] Man bestimme den Verlauf der Kennlinien $i = f(R_1)$ und $i = f(u_0)$.

[3.6] Gegeben sind drei Widerstände und ihre höchstzulässigen Leistungen :

R_1 = 3,6 kΩ P_{1zul} = 0,25 W

R_2 = 20 kΩ P_{2zul} = 0,5 W

R_3 = 160 kΩ P_{3zul} = 0,25 W

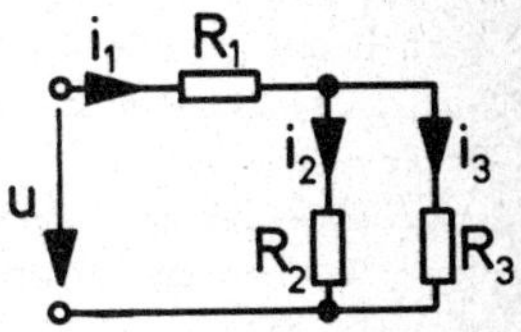

Bild 3.7
Zur Berechnung der zulässigen Eingangsspannung

Wie groß darf die Gesamtspannung u höchstens werden, damit kein Widerstand über seine Nennleistung hinaus belastet wird ?

3.7 Man berechne den Widerstand der in Bild 3.8 dargestellten Schaltung zwischen den Klemmen A und B. Alle Widerstände haben die Größe R = 15 Ω.

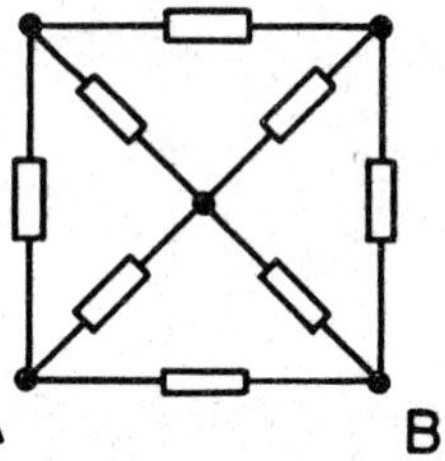

Bild 3.8
Symmetrisches Widerstandsnetz

3.8 Es ist ein Netz gegeben, dessen Zweige die Kanten und dessen Knoten die Ecken eines Tetraeders bilden. Alle Zweige haben den gleichen ohmschen Widerstand R.

Eine der Tetraederecken sei geerdet. In einer der nicht geerdeten Ecken wird der Strom i_0 eingespeist; dieser Strom fließt über die geerdete Ecke ab.

Man bestimme die Spannungen zwischen der geerdeten Ecke und den übrigen Ecken.

3.9 Es ist ein Netz gegeben, dessen Zweige die Kanten und dessen Knoten die Ecken eines Würfels bilden. Alle Zweige haben den gleichen ohmschen Widerstand R.
Man berechne

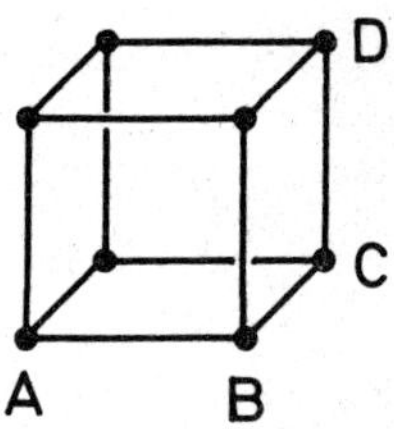

Bild 3.9
Würfel mit leitenden Kanten

3.9.1 den Widerstand R_{AB} zwischen den Klemmen A und B,

3.9.2 den Widerstand R_{AC} zwischen den Klemmen A und C,

3.9.3 den Widerstand R_{AD} zwischen den Klemmen A und D .

LÖSUNGEN

3.1 *3.1.1* Die von A nach B positiv gezählte Spannung bezeichnen wir mit u. Es gilt dann

$$i_1 = u/R_1 \tag{3.1}$$

und

$$i_2 = u/R_2 \quad . \tag{3.2}$$

Wegen

$$i = i_1 + i_2$$

wird damit

$$i = u(1/R_1 + 1/R_2) \; . \tag{3.3}$$

Aus den Gleichungen (3.2) und (3.3) folgt

$$\frac{i_2}{i} = \frac{u/R_2}{u(1/R_1+1/R_2)} = \frac{1/R_2}{1/R_1+1/R_2} = \frac{R_1}{R_1+R_2}$$

$$\boxed{i_2 = i\,\frac{R_1}{R_1+R_2}} \quad . \tag{3.4}$$

3.1.2 Auch in diesem Fall bezeichnen wir die von A nach B positiv gezählte Spannung wieder mit u. Für die Teilströme i_1 und i_2 gelten die Gleichungen (3.1) und (3.2) und für i_3 gilt

$$i_3 = u/R_3 \quad . \tag{3.5}$$

Wegen

$$i = i_1 + i_2 + i_3$$

wird nun

$$i = u(1/R_1 + 1/R_2 + 1/R_3) \; . \tag{3.6}$$

Aus den Gleichungen (3.5) und (3.6) folgt

$$\frac{i_3}{i} = \frac{u/R_3}{u(1/R_1+1/R_2+1/R_3)} = \frac{1/R_3}{1/R_1+1/R_2+1/R_3}$$

$$\boxed{i_3 = i\,\frac{1/R_3}{1/R_1+1/R_2+1/R_3} = i\,\frac{R_1R_2}{R_1R_2+R_2R_3+R_3R_1}} \quad . \qquad (3.7)$$

3.2 Im Widerstand R_n fließt der Strom

$$i_n = \frac{u_0}{R_i+R_n} \quad . \qquad (3.8)$$

Die Leistung im Widerstand R_n ist

$$P_n = R_n i_n^2 = u_0^2\,\frac{R_n}{(R_i+R_n)^2} \quad .$$

Für $R_n = o$ und $R_n = \infty$ entsteht also keine Leistung im Nutzwiderstand R_n, dazwischen muß sie ein Maximum haben. Den Wert R_{n1}, für den sich das Leistungsmaximum ergibt, erhält man aus der Bedingung

$$dP_n/dR_n = o \quad ,$$

also aus

$$u_0^2\,\frac{(R_i+R_{n1})^2-2R_{n1}(R_i+R_{n1})}{(R_i+R_{n1})^4} = o \quad .$$

Hieraus folgt

$$\boxed{R_{n1} = R_i} \quad . \qquad (3.9)$$

3.3 *3.3.1* Aus der Spannung u_0 und dem Gesamtwiderstand der Schaltung (Bild 3.4) ergibt sich

$$i = \frac{u_0}{R+\frac{R\,R_n}{R+R_n}} = \frac{u_0}{R}\,\frac{R+R_n}{R+2R_n} \quad . \qquad (3.1o)$$

Durch den Nutzwiderstand R_n fließt der Strom

$$i_n = \frac{R}{R+R_n} i = \frac{u_0}{R+2R_n} \quad . \tag{3.11}$$

Daraus ergibt sich als Nutzleistung

$$P_n = i_n^2 R_n$$

$$\boxed{P_n = \frac{u_0^2 R_n}{(R+2R_n)^2}} \quad . \tag{3.12}$$

3.3.2 Aus $P_n = \dfrac{u_0^2 R_n}{R^2+4RR_n+4R_n^2}$

folgt

$$\frac{dP_n}{dR_n} = u_0^2 \frac{R^2+4RR_n+4R_n^2 - R_n(4R+8R_n)}{(R+2R_n)^2} \quad .$$

Das Maximum der Funktion $P_n = f(R_n)$ erhält man aus der Bedingung $dP_n/dR_n = o$:

$$4RR_{n1} + 8R_{n1}^2 = R+4RR_{n1} + 4R_{n1}^2$$

$$\boxed{R_{n1} = R/2} \quad . \tag{3.13}$$

3.3.3 Insgesamt wird von der Spannungsquelle die Leistung

$$P_g = u_0 i = \frac{u_0^2}{R} \frac{R+R_n}{R+2R_n}$$

abgegeben. Mit Gleichung (3.12) ergibt sich als Wirkungsgrad

$$\eta = P_n/P_g = \frac{R_n}{(R+2R_n)^2} \frac{R(R+2R_n)}{R+R_n}$$

$$\boxed{\eta = \frac{RR_n}{(R+R_n)(R+2R_n)}} \quad . \tag{3.14}$$

3.3.4 Aus

$$\eta = \frac{RR_n}{2R_n^2+3RR_n+R^2} \tag{3.15}$$

folgt

$$\frac{d\eta}{dR_n} = R\,\frac{2R_n^2+3RR_n+R^2-R_n(4R_n+3R)}{(2R_n^2+3RR_n+R^2)^2} \;.$$

Das Maximum der Funktion $\eta = f(R_n)$ erhält man aus $d\eta/dR_n = 0$:

$$2R_{n2}^2+3R_{n2}+R^2 = 4R_{n2}^2+3RR_{n2}$$

$$\boxed{R_{n2} = R/\sqrt{2}}\;. \tag{3.16}$$

3.3.5 Bei maximaler Nutzleistung ergibt sich aus den Gleichungen (3.13) und (3.15) der zugehörige Wirkungsgrad η_1 , indem in die Gleichung (3.15) für R_n der Wert R_{n1} eingesetzt wird :

$$\eta_1 = \frac{R^2/2}{2R^2/4+3R^2/2+R^2} = \frac{1}{1+3+2}$$

$$\boxed{\eta_1 \approx 0{,}166}\;.$$

Der maximale Wirkungsgrad η_{max} ergibt sich aus den Gleichungen (3.15) und (3.16), indem in die Gleichung (3.15) für R_n der Wert R_{n2} eingesetzt wird :

$$\eta_{max} = \frac{R^2/\sqrt{2}}{2R^2/2+3R^2/\sqrt{2}+R^2} = \frac{1/\sqrt{2}}{2+3/\sqrt{2}} = \frac{1}{3+2\sqrt{2}}$$

$$\boxed{\eta_{max} \approx 0{,}171}\;.$$

3.4 *3.4.1* Mit Hilfe der Definition $R_D = u_D/i_D$ kann der zu jedem Wertepaar u_D, i_D gehörende Wert R_D aus der gegebenen Kennlinie berechnet werden :

u_D/V	o,15	o,2	o,25	o,3	o,35	o,4	o,45	o,5	o,55	o,6	o,65
R_D/Ω	15oo	445	165,5	71,5	36,5	21,7	14,5	1o	7,6	6,2	5,1

In Bild 3.1o ist die Funktion $R_D = f(u_D)$ skizziert.

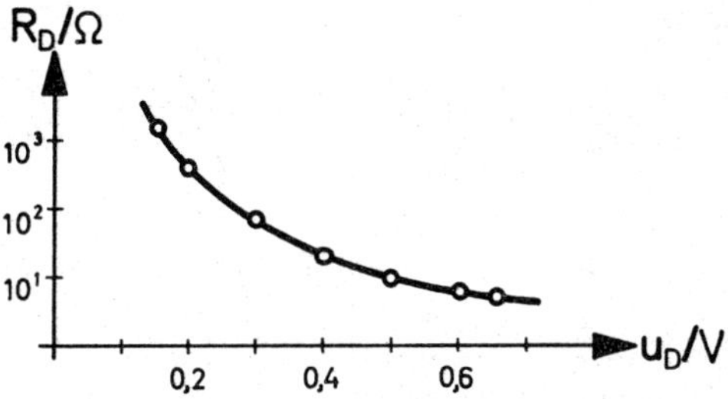

Bild 3.1o
Der Dioden-Durchlaßwiderstand als Funktion der Spannung

3.4.2 Für das Wertepaar u_D, i_D, das sich bei einer bestimmten Spannung u_0 einstellt, muß der Zusammenhang gelten, der durch die Diodenkennlinie $i_D = f(u_D)$ hergestellt wird. Außerdem muß es auch die Forderung

$$u_D = u_D + i_D R \tag{3.17}$$

befriedigen. Wird die Gleichung (3.17) nach i_D aufgelöst, so ergibt sich

$$i_D = (u_0 - u_D)/R \; . \tag{3.18}$$

Diese Gleichung entspricht in einem u_D, i_D-Diagramm (Bild 3.11) einer fallenden Geraden (Widerstandsgerade) mit den Achsenabschnitten u_0 = 1V und u_0/R = 1oo mA. Der Schnittpunkt S_1 dieser Geraden mit der Diodenkennlinie liefert das sich einstellende

Wertepaar u_D, i_D. Es zeigt sich, daß

$$\boxed{i_D = 50 \text{ mA}}$$

wird.

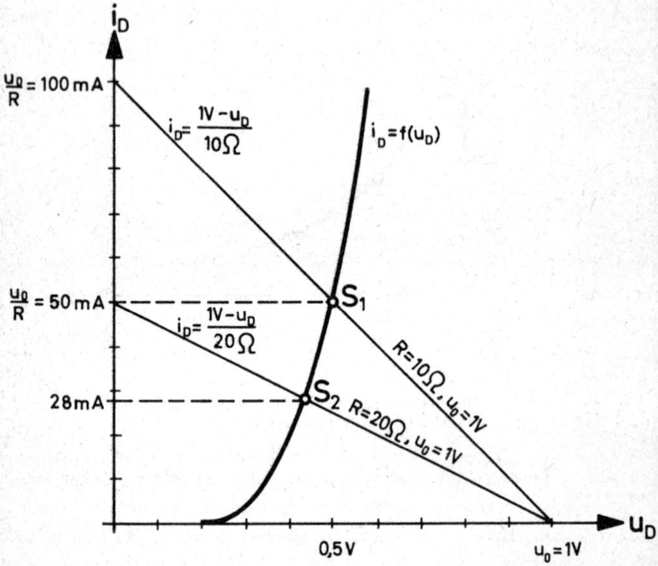

Bild 3.11
Zur Berechnung des Diodenstromes

3.4.3 In diesem Fall wird die Widerstandsgerade durch die Punkte S_2 und (u_0; o) festgelegt. Hierbei ergibt sich der Schnittpunkt S_2 aus dem vorgegebenen Wert i_D = 28 mA. Nach der Konstruktion der Widerstandsgeraden kann der zugehörige Wert u_0/R auf der Ordinatenachse abgelesen werden :

$$u_0/R = 50\ \text{mA}\ .$$

Also wird

$$R = \frac{u_0}{50\ \text{mA}} = \frac{1\text{V}}{50\ \text{mA}}$$

$$\boxed{R = 20\ \Omega.}$$

3.5 *3.5.1* Zu einem Wertepaar u_G, i_G der Kennlinie gehört der Strom

$$i_2 = u_G/R_2$$

und der Strom

$$i = i_G + i_2 = i_G + u_G/R_2 = i_G + \frac{u_G}{1{,}44\text{k}\Omega}\ . \qquad (3.19)$$

Die zu den Wertepaaren der Kennlinie gehörenden Ströme i_2 und i werden in der folgenden Tabelle ausgerechnet.

u_G/V	0	10	20	40	60	80	100
i_G/mA	0	82	105	135	159	178	195
$i_2/\text{mA} = \frac{u_G/\text{V}}{1{,}44}$	0	7	14	28	42	55,6	69
$i/\text{mA} = \frac{i_G}{\text{mA}} + \frac{i_2}{\text{mA}}$	0	89	119	163	201	234	264
$R_1/\Omega = \frac{220 - u_G/\text{V}}{i/\text{A}}$	∞	2360	1680	1100	795	600	455
$u_0/\text{V} = 440\,\frac{i}{\text{A}} + \frac{u_G}{\text{V}}$	0	49,2	72,5	111,7	148,5	183	216

u_G/V	120	140	160	180	200	220	240
i_G/mA	210	222	234	248	261	273	283
i_2/mA	83	97	111	125	139	153	167
i/mA	293	319	345	373	400	426	450
R_1/Ω	341	250	172	107	50	0	-
u_0/V	249	280	312	344	376	408	438

Die erste und die vierte Zeile dieser Tabelle liefern die gesuchte Kennlinie $i = f(u_G)$, die in Bild 3.12 dargestellt wird.

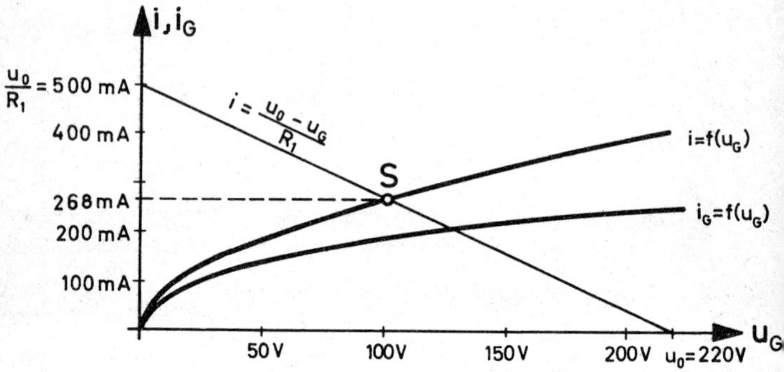

Bild 3.12
Zur Berechnung des Stromes i

3.5.2 Es ist

$$u_0 = iR_1 + u_G \ , \tag{3.20}$$

d.h. zu jedem Wertepaar u_G, i der Tabelle gehört ein Wert u_0, der nach Gleichung (3.20) berechnet werden kann. Auf diese Weise liefern die vierte und die sechste Zeile der Tabelle die Funktion $i = f(u_0)$. Der zu $u_0 = 220$ V gehörende Wert für den Strom i muß interpoliert werden :

$$\boxed{i \sim 268 \text{ mA}} \ .$$

Grafisch kann dieser Wert auf die folgende Weise gefunden werden : Aus Gleichung (3.20) folgt

$$i = \frac{u_0 - u_G}{R_1} \ . \tag{3.21}$$

Diese Gleichung gibt ebenso wie die gegebene Lampenkennlinie den Strom i als Funktion von u_G an. Die Funktion (3.21) kann grafisch als fallende Gerade mit den Achsenabschnitten u_0/R_1 und u_0 dargestellt werden. Ihr Schnittpunkt S mit der Lampenkennlinie liefert das Wertepaar u_G, i, wie es in Bild 3.11 dargestellt ist.

3.5.3 Die Gleichung (3.2o) kann nach R_1 aufgelöst werden :

$$R_1 = \frac{u_0 - u_G}{i} = \frac{22oV - u_G}{i} \quad . \qquad (3.22)$$

Im ersten Teil der Aufgabe, 3.5.1, wurden Wertepaare u_G, i ausgerechnet. Zu jedem solchen Wertepaar läßt sich mit Hilfe der Gleichung (3.22) der zugehörige Wert R_1 ausrechnen. Die vierte und fünfte Zeile der Tabelle stellen die gesuchte Lösung i = f(R_1) dar, die in Bild 3.13 wiedergegeben wird.

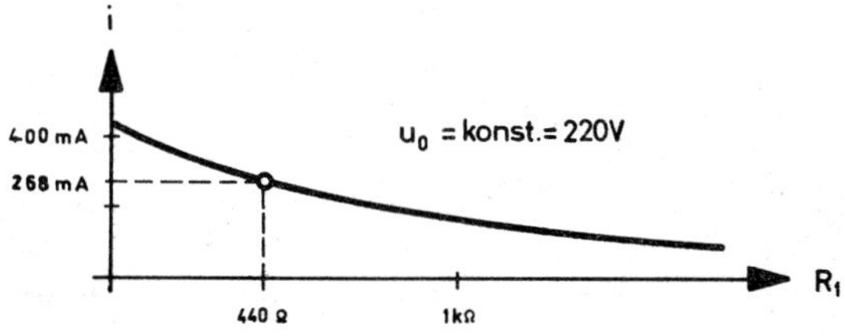

Bild 3.13
Der Strom i als Funktion des Widerstandes R_1

Mit Hilfe der Gleichung (3.2o) ist als sechste Zeile der Tabelle die Spannung u_0 für R_1 = 44o Ω ausgerechnet worden, und die vierte und sechste Zeile bilden den gesuchten Zusammenhang $i = f(u_0)$. Anstatt dessen kann man $i = f(u_0)$ auch grafisch bestimmen :

Ebenso wie der Strom i bei u_0 = 22o V gefunden wurde, können auch die Ströme bei anderen Spannungen u_0 grafisch ermittelt werden. Es ändern sich nur jeweils beide Achsenabschnitte der Geraden, die mit der Kennlinie $i_G = f(u_G)$ geschnitten wird, proportional zu u_0 . Die Geraden können also einfach durch Parallelverschiebung der schon für u_0 = 22o V gezeichneten Gerade konstruiert werden (Bild 3.14).

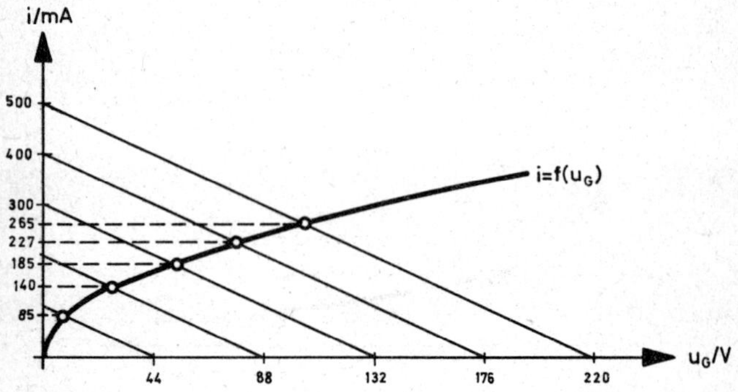

Bild 3.14
Zur Berechnung der Kennlinie $i = f(u_0)$

In Bild 3.15 wird $i = f(u_0)$ dargestellt.

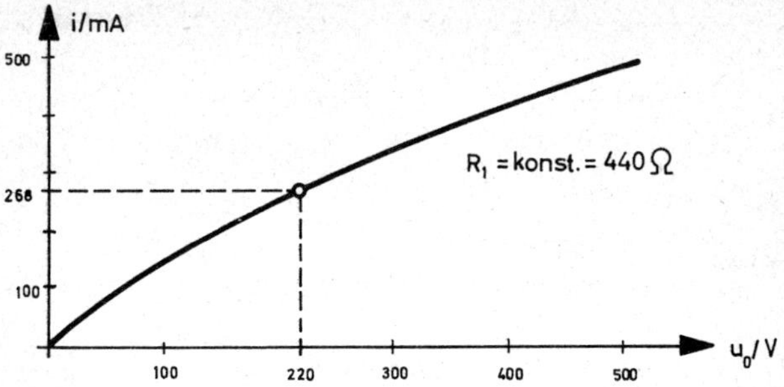

Bild 3.15
Die Kennlinie $i = f(u_0)$

Auch die Funktion $i = f(R_1)$ kann grafisch bestimmt werden. Bei konstanter Spannung $u_0 = 220$ V wird für verschiedene Werte R_1 der Achsenabschnitt u_0/R_1 berechnet, der Abszissen-Achsenabschnitt u_0 bleibt für alle Geraden gleich. Auch hier liefern die Schnittpunkte der verschiedenen Geraden mit der Kennlinie $i_G = f(u_G)$ wieder die zugehörigen Werte i, wie es in Bild 3.16 dargestellt wird.

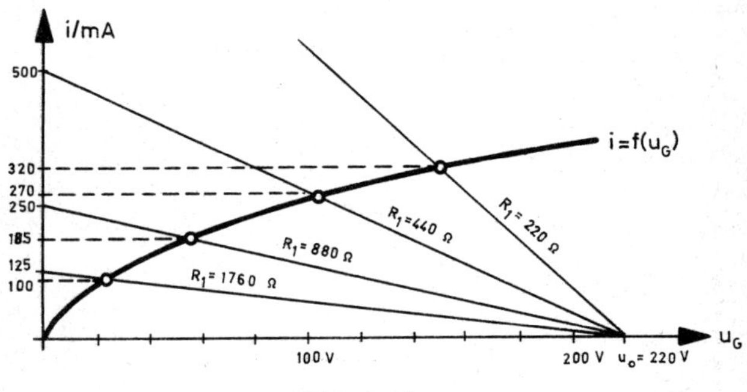

Bild 3.16
Zur Berechnung der Kennlinie $i = f(R_1)$

3.6 Zunächst berechnen wir die Ströme i_1, i_2 und i_3 :

$$i_1 = \frac{u}{R_1 + \frac{R_2 R_3}{R_2+R_3}} = \frac{u}{R_1R_2+R_2R_3+R_3R_1}(R_2+R_3) \ .$$

Mit der Abkürzung

$$R^2 = R_1R_2 + R_2R_3 + R_3R_1$$

wird dann

$$i_1 = \frac{u}{R^2}(R_2 + R_3)$$

und mit Benutzung der Ergebnisse der Aufgabe 3.1

$$i_2 = i_1 \frac{R_3}{R_2+R_3} = \frac{u}{R^2} R_3$$

und

$$i_3 = i_1 \frac{R_2}{R_2+R_3} = \frac{u}{R^2} R_2 \ .$$

In den einzelnen Widerständen werden folgende Leistungen umgesetzt :

$$P_1 = i_1^2 R_1 = u^2 \frac{R_1(R_2+R_3)^2}{R^4}$$

$$P_2 = i_2^2 R_2 = u^2 \frac{R_2 R_3^2}{R^4}$$

$$P_3 = i_3^2 R_3 = u^2 \frac{R_3 R_2^2}{R^4} \ .$$

Diese Gleichungen lassen sich jeweils nach der Gesamtspannung auflösen :

$$u = \sqrt{\frac{P_1}{R_1}} \frac{R^2}{R_2+R_3} = \sqrt{\frac{P_2}{R_2}} \frac{R^2}{R_3} = \sqrt{\frac{P_3}{R_3}} \cdot \frac{R^2}{R_2} \ .$$

Durch die Leistung P_{1zul} wird die Spannung u auf den Wert

$$u_{zul}^{(1)} = \sqrt{\frac{P_{1zul}}{R_1}} \frac{R^2}{R_2+R_3} \ ,$$

durch die Leistung P_{2zul} auf den Wert

$$u_{zul}^{(2)} = \sqrt{\frac{P_{2zul}}{R_2}} \frac{R^2}{R_3}$$

und durch die Leistung P_{3zul} auf den Wert

$$u_{zul}^{(3)} = \sqrt{\frac{P_{3zul}}{R_3}} \frac{R^2}{R_2}$$

begrenzt. Der kleinste dieser drei Werte darf nicht überschritten werden, er bestimmt also die gesuchte höchstzulässige Spannung u_{zul} und wird durch den Vergleich der drei Faktoren

$$\sqrt{\frac{P_{1zul}}{R_1}} \frac{1}{R_2+R_3}, \quad \sqrt{\frac{P_{2zul}}{R_2}} \cdot \frac{1}{R_3}, \quad \sqrt{\frac{P_{3zul}}{R_3}} \cdot \frac{1}{R_2}$$

gefunden. Es ist

$$\sqrt{\frac{P_{1zul}}{R_1}} \frac{1}{R_2+R_3} = \frac{10^{-3}}{21,6} \frac{A}{k\Omega}$$

$$\sqrt{\frac{P_{2zul}}{R_2}} \cdot \frac{1}{R_3} = \frac{10^{-3}}{32} \frac{A}{k\Omega}$$

$$\sqrt{\frac{P_{3zul}}{R_3}} \cdot \frac{1}{R_2} = \frac{10^{-3}}{16} \frac{A}{k\Omega}$$

Am kleinsten ist demnach der Faktor

$$\sqrt{\frac{P_{2zul}}{R_2}} \cdot \frac{1}{R_3},$$

und deshalb ist $u_{zul} = u_{zul}^{(2)}$, also

$$\boxed{u_{zul} = \sqrt{\frac{P_{2zul}}{R_2}} \frac{R_1R_2+R_2R_3+R_3R_1}{R_3}}$$

$$u_{zul} = \frac{A \cdot k\Omega^2}{32 \cdot 10^3 k\Omega} (3,6 \cdot 20 + 20 \cdot 160 + 160 \cdot 3,6)$$

$$\boxed{u_{zul} \approx 120 \text{ V}} \; .$$

3.7 Wir betrachten zunächst die in Bild 3.17 dargestellte Schaltun aus acht gleichen Widerständen .

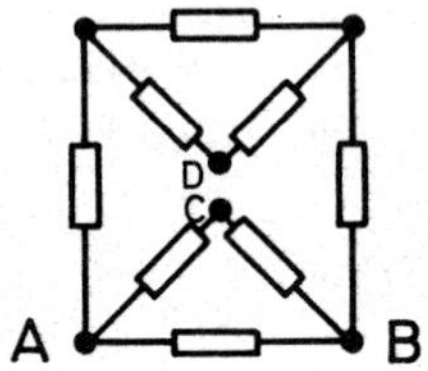

Bild 3.17
Zur Berechnung des Widerstandes R_{AB}

Diese Schaltung hat zwischen den Klemmen A und B den Widerstar

$$R^*_{AB} = \frac{\frac{2}{3} R \cdot \frac{8}{3} R}{\frac{2}{3} R + \frac{8}{3} R} = \frac{8}{15} R = 8 \; \Omega \; .$$

Die Punkte C und D haben hierbei das gleiche Potential; sie können demnach kurzgeschlossen werden, ohne daß hierbei die Ströme und Spannungen in der Schaltung geändert werden. In de Schaltungen nach Bild 3.8 und 3.17 ergeben sich also die glei- chen Strom- und Spannungsverteilungen.
Für den Widerstand R_{AB} der ursprünglich gegebenen Schaltung (Bild 3.8) gilt daher

$$R_{AB} = R^*_{AB}$$

$$\boxed{R_{AB} = \frac{8}{15} R = 8 \; \Omega} \; .$$

3.8 Das beschriebene Tetraeder kann durch das in Bild 3.17 abgebildete Netz mit sechs gleich großen Widerständen R dargestellt werden. Nimmt man im dargestellten Betriebsfall (Bild 3.18) zwischen den Klemmen C und D den Widerstand R heraus, so sieht man, daß dann zwischen beiden Punkten keine Spannung besteht. Wenn man den Widerstand wieder einfügt, so fließt also zwischen den Klemmen C und D ebensowenig ein Strom wie vorher (vgl. Aufgabe 3.7). Demnach kann das in Bild 3.18 dargestellte Netz durch das des Bildes 3.19 ersetzt werden. In diesem Netz gilt :

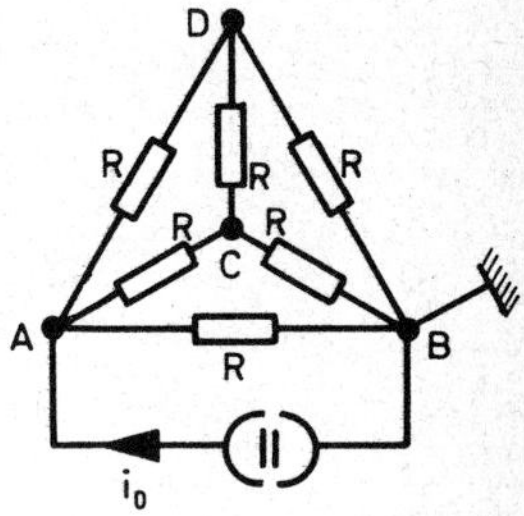

Bild 3.18
Tetraeder mit leitenden Kanten

$$i_0 = u_{AB} G_{ges}$$

$$i_0 = u_{AB}\left(\frac{1}{R} + \frac{1}{2R} + \frac{1}{2R}\right) = 2\, u_{AB}/R$$

$$\boxed{u_{AB} = i_0 R/2}\,.$$

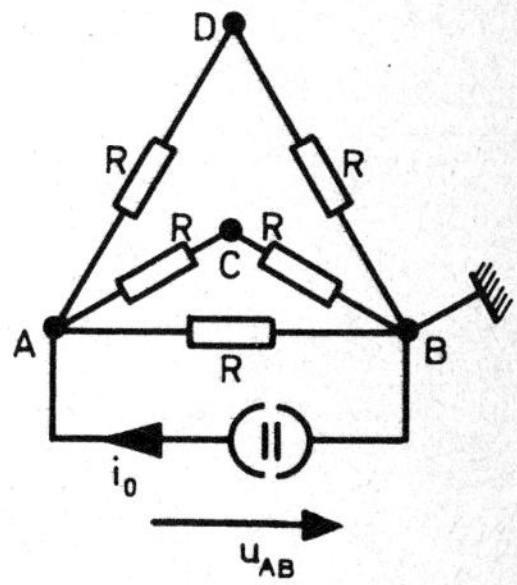

Bild 3.19
Zur Berechnung des Widerstandes zwischen zwei Tetraederecken

Für die beiden anderen gesuchten Spannungen gilt :

$$\boxed{u_{CB} = u_{DB} = i_0 R/4}\,.$$

3.9 Alle drei gesuchten Widerstandswerte lassen sich aufgrund der Symmetrie des Würfels auf Reihen- und Parallelschaltungen von Widerständen zurückführen. Hierbei werden zwei Hilfsmittel benutzt :

a) Sind zwei Punkte gleichen Potentials durch einen beliebigen Widerstand miteinander verbunden, so kann er weggelassen werden.
b) Haben zwei Punkte gleiches Potential, so können sie kurzgeschlossen werden.

3.9.1 Wir zeichnen das gegebene Würfelnetz um (Bild 3.2o):

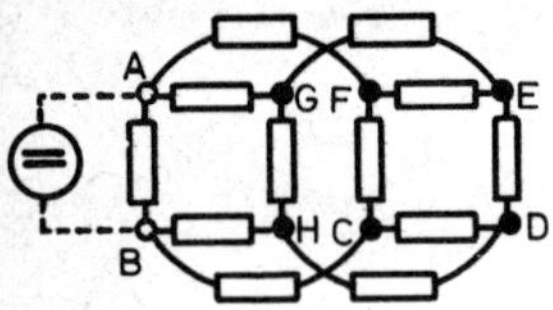

Bild 3.2o
Würfelnetz

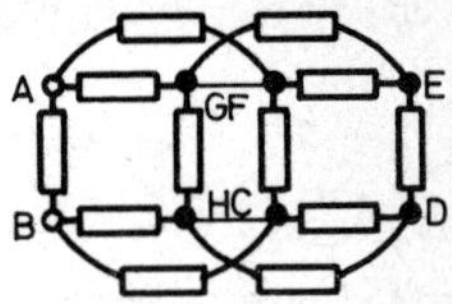

Bild 3.21
Zur Berechnung des Widerstandes R_{AB}

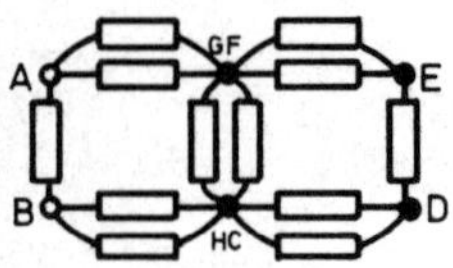

Bild 3.22
Zurückführen der Berechnung des Widerstandes R_{AB} auf Parallel- und Reihenschaltungen

Man kann erkennen, daß wegen der Symmetrie die Punkte G und F das gleiche Potential haben, ebenso die Punkte H und C. Man kann also die Knoten G und F zu einem einzigen Knoten GF kurzschließen, ebenso kann man H und C zu HC zusammenfassen.

Dabei kommt die Schaltung 3.21 zustande. Diese Schaltung besteht nur aus Reihen- und Parallelschaltungen der Widerstände R und enthält keine komplizierteren Verknüpfungen mehr. Dies wird in Bild 3.22 besonders deutlich gemacht; man sieht, daß hier fünfmal eine Parallelschaltung jeweils zweier Widerstände entsteht. Die Schaltung 3.22 kann also durch die Schaltung 3.23 ersetzt werden :

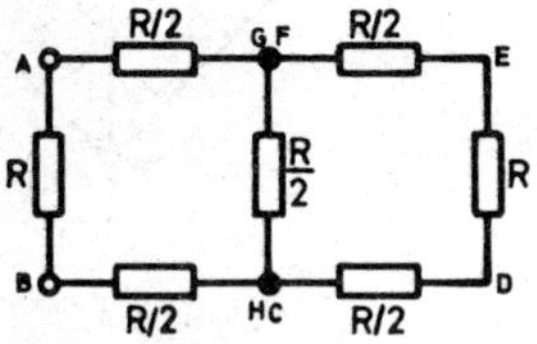

Bild 3.23
Zusammenfassung der Schaltung 3.22

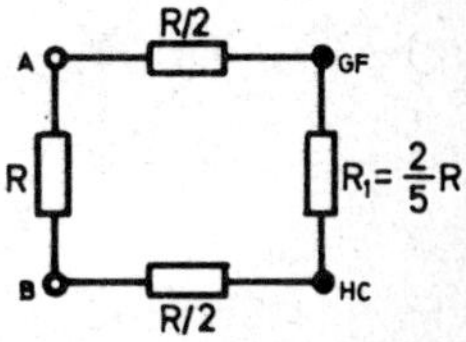

Bild 3.24
Zusammenfassung der Schaltung 3.23

Die vier Widerstände rechts in der Schaltung 3.23 lassen sich zusammenfassen zu einem Widerstand R_1 :

$$\frac{1}{R_1} = \frac{2}{R} + \frac{1}{2R} = \frac{5}{2R}$$

$$R_1 = \frac{2}{5} R \quad .$$

Dieser Widerstand liegt in Reihe mit zwei Widerständen der Größe R/2 :

$$R_2 = \frac{R}{2} + \frac{2}{5} R + \frac{R}{2} = \frac{7}{5} R \quad ,$$

und es wird

$$\frac{1}{R_{AB}} = \frac{1}{R} + \frac{1}{R_2} = \frac{1}{R} + \frac{5}{7R} = \frac{12}{7R}$$

$$\boxed{R_{AB} = \frac{7}{12} R} \quad . \qquad (3.23)$$

3.9.2

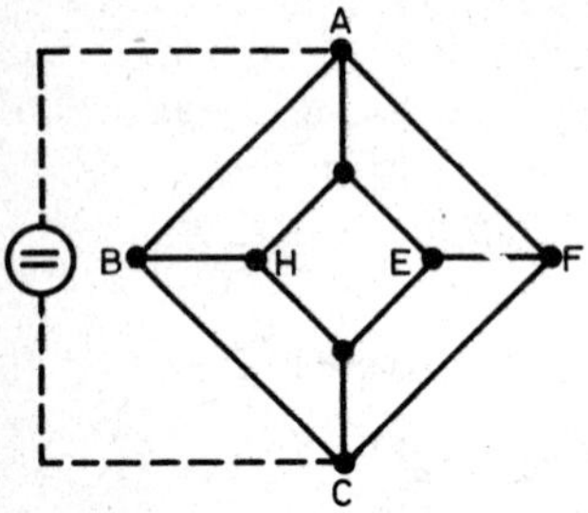

Bild 3.25
Würfelnetz

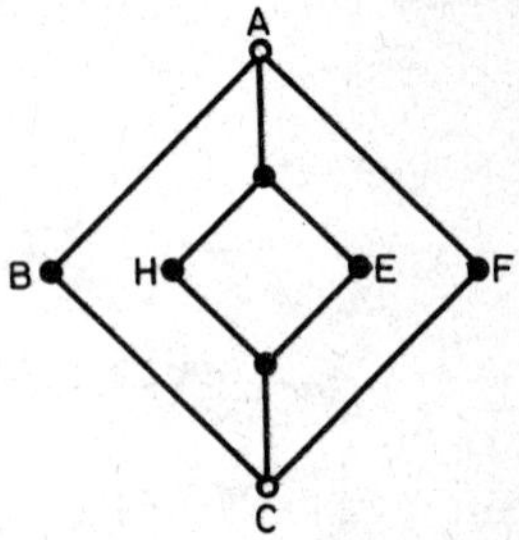

Bild 3.26
Zur Berechnung des Widerstandes R_{AC}

In dem Würfelnetz 3.25 haben H und B, sowie E und F gleiches Potential. Die Würfelschaltung kann also in Bezug auf die Klemmen A und C durch die Schaltung 3.26 ersetzt werden, aus der sich der Widerstand R_{AC} leicht ergibt. R_{AC} setzt sich aus den drei parallelgeschalteten Widerständen

2 R, 3 R und 2 R

zusammen :

$$\frac{1}{R_{AC}} = \frac{1}{2R} + \frac{1}{3R} + \frac{1}{2R} = \frac{4}{3R}$$

$$\boxed{R_{AC} = \frac{3}{4} R = \frac{9}{12} R} \quad . \qquad (3.24)$$

3.9.3

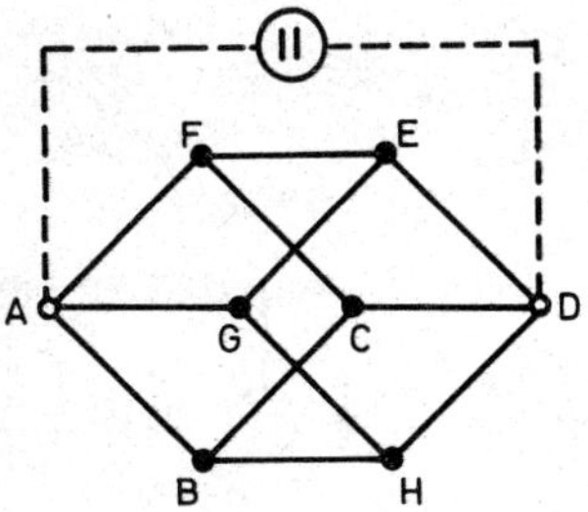

Bild 3.27
Würfelnetz

Bei der Berechnung des Widerstandes R_{AD} erkennt man, daß F, G und B gleiches Potential haben. Die Punkte E, C und H haben ebenfalls gleiches Potential (Bild 3.27). Es können also jeweils F, G und B sowie E, C und H zu einem Punkt zusammengefaßt werden, siehe Bild 3.28 :

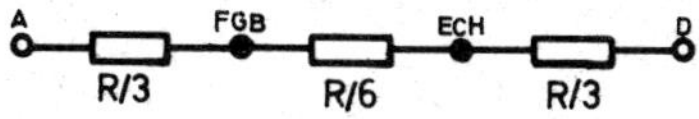

Bild 3.28
Zusammenfassung der Schaltung 3.27

Der Widerstand R_{AD} ist demnach

$$\boxed{R_{AD} = \frac{5}{6} R = \frac{10}{12} R} \quad . \qquad (3.25)$$

Der Vergleich der drei Ergebnisse (3.23) bis (3.25) zeigt

$$R_{AB} < R_{AC} < R_{AD} \quad .$$

4. ANALYSE LINEARER NETZE

a. Ersatzspannungs- und Ersatzstromquelle; vollständiger Baum

AUFGABEN

4.1 4.1.1 Man zeige, daß sich die Schaltung A (Bild 4.1) an den Klemmen ebenso verhält wie die Schaltung B (Bild 4.2).

4.1.2 Wie kann man die Spannung u_0 und den Widerstand R_i der Schaltung A durch zwei einfache Messungen an den Klemmen bestimmen ?

4.1.3 Man bestimme die Summe der in den Widerständen R und R_i verbrauchten Leistung in Abhängigkeit von R/R_i, und zwar für die Schaltung A (Leistung P_A) und die Schaltung B (Leistung P_B). Man skizziere die beiden Funktionen $P_A = f(R)$ und $P_B = f(R)$ und vergleiche sie.

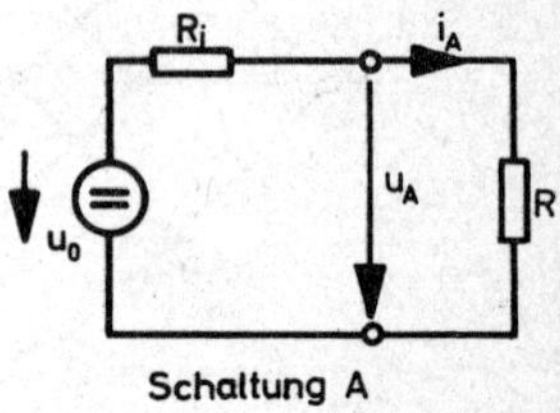

Bild 4.1
Belastete Spannungsquelle

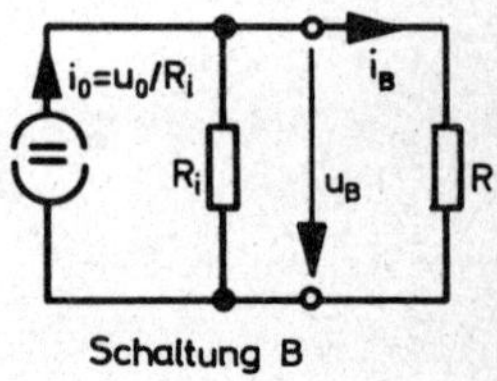

Bild 4.2
Belastete Stromquelle

4.2 4.2.1 Man berechne den Strom i_n mit Hilfe der Methode der Ersatzspannungsquelle.

4.2.2 Wie groß muß der Widerstand R_n werden, damit die in ihm verbrauchte Leistung maximal wird ?

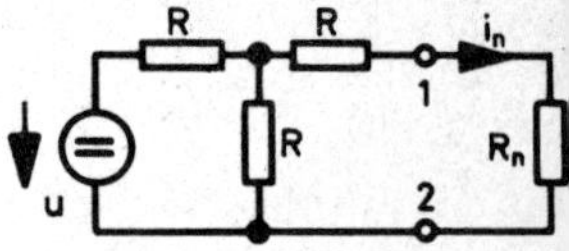

Bild 4.3
Zur Berechnung der maximalen Leistung

4.3 Eine Gleichspannungsquelle mit einem Kurzschlußstrom von 5o A arbeitet auf die Parallelschaltung zweier Widerstände von 4 Ω und 6 Ω. Es wird hierbei eine Klemmenspannung von 24 V gemessen.

4.3.1 Wie groß ist der innere Widerstand der Spannungsquelle ?

4.3.2 Welchen Wert hat ihre Leerlaufspannung ?

4.3.3 Die Größe und Zählrichtung der Spannung u_1 sollen bestimmt werden, die in den Zweig mit dem Widerstand von 4 Ω einzuschalten wäre, damit dieser Zweig stromlos wird .

4.4 In der angegebenen Schaltung ist die Spannung u zu berechnen (Bild 4.4).

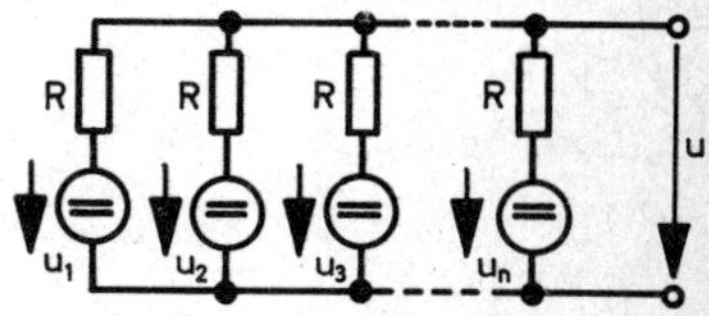

Bild 4.4
Parallelschaltung von Spannungsquellen

4.5 Ein Netz hat die angegebene Struktur (Bild 4.5).

4.5.1 Wieviel unabhängige Ströme können in dem Netz gewählt werden ? Man begründe die angegebene Anzahl und zeige, welche Ströme dies beispielsweise sein können.

4.5.2 Man ergänze das Netz durch drei weitere Zweige, in denen un-

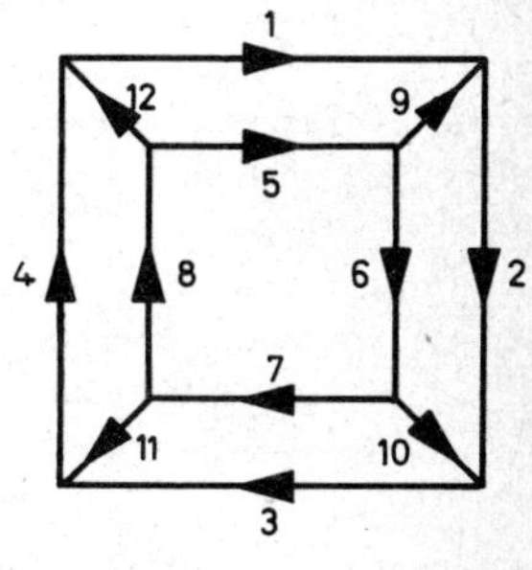

Bild 4.5
Graph

abhängige Ströme fließen, wobei die unter 4.5.1 angegebenen unabhängigen Ströme erhalten bleiben sollen. (Die neu eingeführten Zweige sollen nicht durch einfache Parallelschaltung zu einem bereits vorhandenen Zweig gebildet werden).

LÖSUNGEN

4.1 4.1.1 In der Schaltung A gilt

$$u_A = u_0 \frac{R}{R+R_i}$$

und in der Schaltung B

$$u_B = i_0 \frac{R_i R}{R_i+R} = \frac{u_0}{R_i} \frac{R_i R}{R_i+R} = u_0 \frac{R}{R+R_i} .$$

Es ist demnach

$$\boxed{u_A = u_B} .$$

Da an den Klemmen beider Schaltungen am jeweils gleichen Widerstand R auch die gleiche Spannung liegt, verhalten sich also beide Schaltungen rechts von den Klemmen gleich.

4.1.2 Die Spannung u_0 und der Widerstand R_i können beispielsweise aus einem Leerlauf- und einem Kurzschlußversuch bestimmt werden. Im Leerlauf gilt

$$\boxed{u_{Ao} = u_0} , \tag{4.1}$$

das heißt: die im Leerlauf an den Klemmen gemessene Spannung ist gleich der Spannung u_0 der Quelle. Bei Kurzschluß gilt

$$\boxed{i_{Ak} = u_0/R_i} . \tag{4.2}$$

Setzt man die Gleichung (4.1) in (4.2) ein, so entsteht

$$\boxed{R_i = u_{Ao}/i_{Ak}} .$$

4.1.3 In der Schaltung A wird in den beiden Widerständen insgesamt die Leistung

$$P_A = \frac{u_0^2}{R+R_i} = i_0^2 \frac{R_i^2}{R+R_i}$$

$$\boxed{P_A = i_0^2 R_i \frac{1}{1+R/R_i}} \qquad (4.3)$$

verbraucht, in der Schaltung B

$$P_B = i_0^2 \frac{RR_i}{R+R_i}$$

$$\boxed{P_B = i_0^2 R_i \frac{R/R_i}{1+R/R_i}}. \qquad (4.4)$$

In Bild 4.6 werden P_A und P_B in Abhängigkeit von R/R_i aufgetragen .

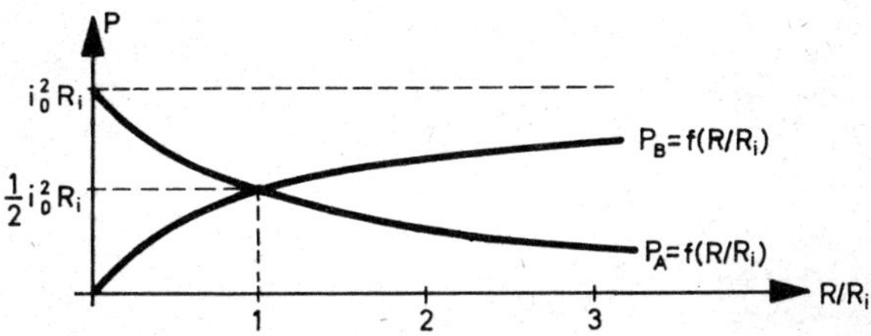

Bild 4.6
Darstellung der unterschiedlichen Gesamtleistungen einer Spannungsquelle und der äquivalenten Stromquelle

Es zeigt sich also folgendes : Die Schaltungen A und B verhalten sich in Bezug auf den Abschlußwiderstand gleich. Bei beiden Schaltungen wird also rechts von den Klemmen die gleiche Leistung abgegeben. Aber ihr inneres Verhalten ist bei beiden Schaltungen verschieden, weil sich links von den Klemmen völlig verschiedenartige Anordnungen befinden. Das führt dazu, daß die Leistung P_A mit wachsendem Wert R abnimmt, die Leistung P_B dagegen zunimmt. Die beiden Gesamtleistungen sind nur in dem Sonderfall $R = R_i$ gleich.

4.2 *4.2.1* Die Schaltung links von den Klemmen 1 und 2 wird durch eine Ersatzspannungsquelle mit der Spannung u_0 und dem Innenwiderstand R_i ersetzt. Als Spannung u_0 erhält man

$$u_0 = u/2$$

(vgl. Bild 4.7) und als Innenwiderstand (vom Klemmenpaar 1,2 aus)

$$R_i = \frac{3}{2} R \ .$$

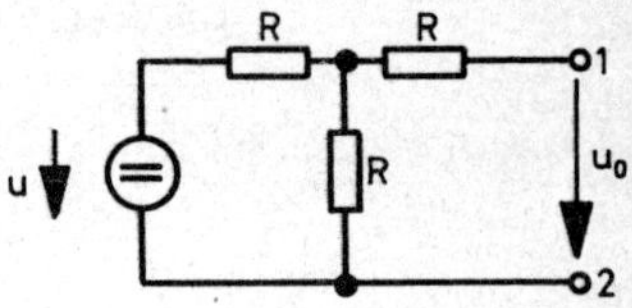

Bild 4.7
Zur Berechnung der Leerlaufspannung

In Bild 4.8 wird die gefundene Ersatzschaltung dargestellt. Legt man an die Klemmen dieser Schaltung den Widerstand R (Bild 4.9), so ergibt sich unmittelbar

$$i_n = \frac{u/2}{3R/2+R_n}$$

$$\boxed{i_n = \frac{u}{3R+2R_n}} \ .$$

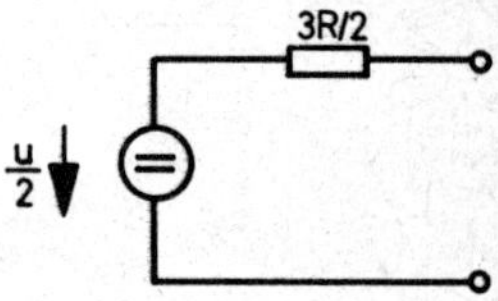

Bild 4.8
Ersatzspannungsquelle für Schaltung 4.3

4.2.2 Wendet man das Ergebnis der Aufgabe 3.2 auf die Schaltung nach Bild 4.9 an, so zeigt sich, daß das Maximum der Leistung im Widerstand R_n auftritt, wenn

$$\boxed{R_n = 3\,R/2}$$

wird.

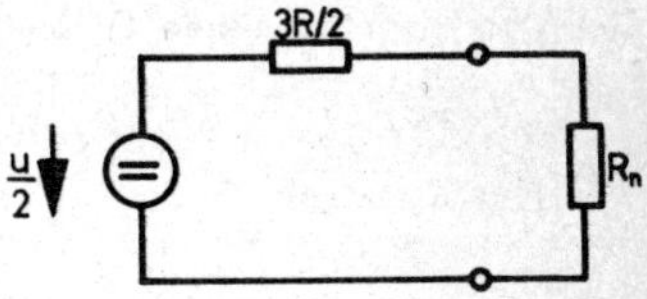

Bild 4.9
Zur Berechnung des Leistungsmaximums

4.3 *4.3.1* Für den Kurzschlußstrom gilt

$$i_k = u_0/R_i \quad . \qquad (4.5)$$

Die Spannung u an den Klemmen ist

$$u = u_0 \frac{R_p}{R_i + R_p} \quad , \qquad (4.6)$$

wobei R_p den Widerstand der Parallelschaltung von R_1 und R_2 bezeichnet :

$$R_p = \frac{R_1 R_2}{R_1 + R_2} \quad ,$$

vgl. Bild 4.1o. Aus den Gleichungen (4.5) und (4.6) können die beiden Unbekannten u_0 und R_i berechnet werden. Setzt man die Gleichung (4.5) in (4.6) ein, so wird

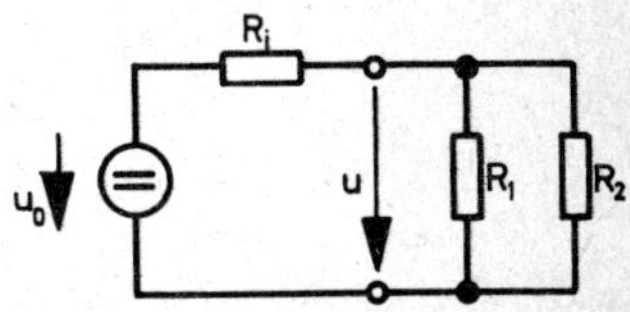

Bild 4.1o
Spannungsquelle mit zwei parallelgeschalteten Lastwiderständen

$$u = i_k R_i \frac{R_p}{R_i + R_p} = \frac{i_k}{1/R_p + 1/R_i}$$

$$\boxed{R_i = \frac{1}{i_k/u - 1/R_p}} \quad . \tag{4.7}$$

Mit den gegebenen Zahlenwerten gilt

$$R_p = \frac{4 \cdot 6}{4+6}\ \Omega = \frac{24}{10}\ \Omega$$

und es wird

$$R_i = \frac{1}{\frac{50\text{A}}{24\text{V}} - \frac{10}{24\Omega}} = \frac{24}{40}\ \Omega$$

$$\boxed{R_i = 0{,}6\ \Omega} .$$

4.3.2 Wird die Gleichung (4.7) in (4.5) eingesetzt, so folgt daraus

$$u_0 = i_k R_i = \frac{i_k}{i_k/u - 1/R_p}$$

$$\boxed{u_0 = \frac{1}{\frac{1}{u} - \frac{1}{i_k R_p}}} \tag{4.8}$$

und als Zahlenwert

$$u_0 = i_k R_i = 50\ \text{A} \cdot 0{,}6\ \Omega$$

$$\boxed{u_0 = 30\ \text{V}} .$$

4.3.3 Wenn der Widerstand R_1 abgetrennt wird, liegt an R_2 die Spannung

$$u_2 = u_0 \frac{R_2}{R_i + R_2} \quad .$$

Wird an die Klemmen dieser Schaltung (Bild 4.11) die Reihenschaltung des Widerstandes R_1 und der Spannungsquelle u_1 so gelegt, wie es in Bild 4.12 gezeigt wird, dann ist

$$i_1 = 0 \quad ,$$

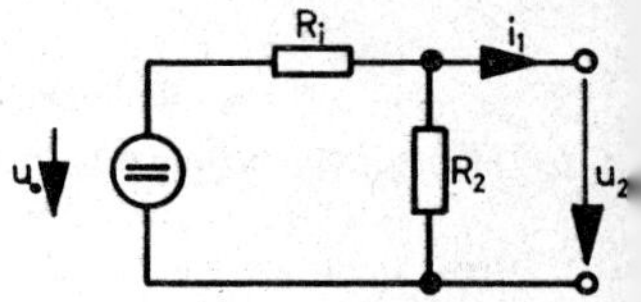

Bild 4.11
Berechnung der Klemmenspannung u_2 für den Fall $i_1 = 0$

sofern

$$u_1 = u_2$$

ist. Es muß also

$$\boxed{u_1 = u_0 \frac{R_2}{R_i + R_2}}$$

werden, damit der Widerstand R_1 stromlos bleibt. Als Zahlenwert ergibt sich

$$\boxed{u_1 = \frac{300}{11}\ \text{V} \approx 27{,}27\ \text{V}}.$$

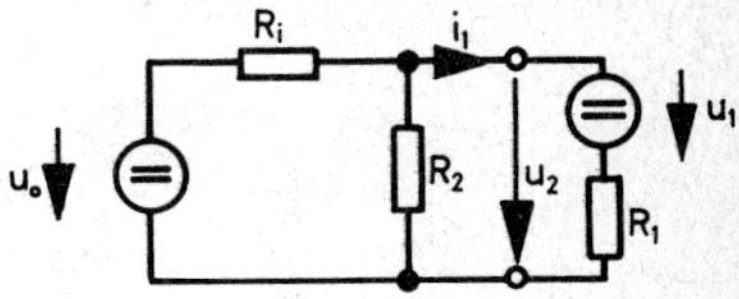

Bild 4.12
Zur Berechnung der Kompensationsspannung u_1

4.4 Die Spannung an jedem Zweig ist gleich u :

$$u_1 - i_1 R = u$$
$$u_2 - i_2 R = u$$
$$\vdots$$
$$u_n - i_n R = u \quad .$$

Die Addition dieser n Gleichungen ergibt

$$(u_1 + u_2 + \ldots + u_n) - R(i_1 + i_2 + \ldots + i_n) = nu \quad .$$

Da die Summe aller Ströme gleich null sein muß, wird

$$u_1 + u_2 + \ldots + u_n = nu$$

$$\boxed{u = \frac{u_1 + u_2 + \ldots + u_n}{n}}. \qquad (4.9)$$

Anmerkung

Zu diesem Ergebnis gelangt man auch dann leicht, wenn man jeden Zweig durch dessen äquivalente Ersatzstromquelle darstellt (Bild 4.13) .

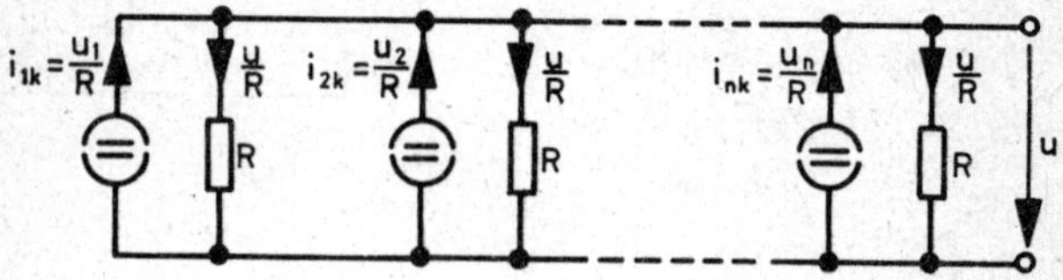

Bild 4.13
Darstellung der Spannungsquellen durch gleichwertige Stromquellen

Die Summe der in Bild 4.13 oben zusammenfließenden Ströme ist gleich null :

$$i_{1k} + i_{2k} + \dots + i_{nk} - n\,\frac{u}{R} = 0$$

$$\frac{u_1}{R} + \frac{u_2}{R} + \dots + \frac{u_n}{R} - n\,\frac{u}{R} = 0 \quad .$$

Hieraus ergibt sich wieder die Gleichung (4.9) .

4.5 *4.5.1* Die Anzahl der Knoten des Netzes ist k = 8, die Anzahl der Zweige z = 12. Daraus ergibt sich als Anzahl der Verbindungszweige

$$\boxed{v = z - k + 1}$$

$$v = 12 - 8 + 1$$

$$\boxed{v = 5} \quad .$$

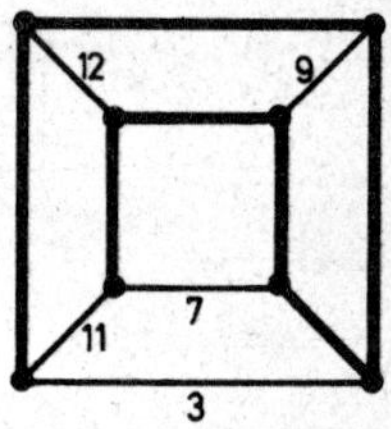

Bild 4.14
Auswahl eines vollständigen Baumes

Wenn ein vollständiger Baum so gewählt wird, wie es im Bild 4.14 gezeigt wird (Baumzweige dick gezeichnet), dann ergeben sich als

unabhängige Ströme : i_3, i_7, i_9, i_{11} und i_{12}

.

4.5.2 Bild 4.15 zeigt die Erweiterung des gegebenen Graphs um drei Zweige (gestrichelt gezeichnet). Diese drei Zweige können als zusätzliche Verbindungszweige aufgefaßt werden, wenn man vom vollständigen Baum des Bildes 4.14 ausgeht, denn die Zahl der Knoten wird durch die drei hinzukommenden Zweige nicht erhöht.

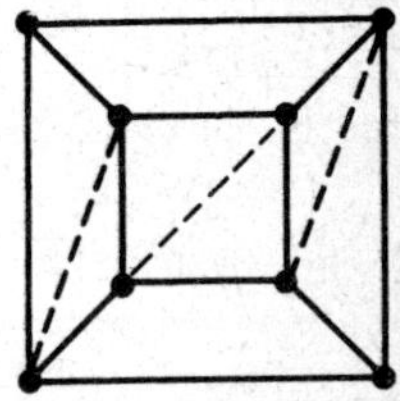

Bild 4.15
Zusätzliche Verbindungszweige

b. Maschenanalyse

AUFGABEN

4.6 4.6.1 Man zeige, daß in der angegebenen Schaltung (Bild 4.16) z.B. die Ströme

$$i_1, i_2, i_3$$

unabhängige Ströme sind.

4.6.2 Für diese unabhängigen Ströme soll das Gleichungssystem aufgestellt werden.

4.6.3 Man berechne die unabhängigen Ströme.

4.6.4 Man berechne sämtliche Ströme für die Zahlenwerte

$u_{02} = u_{06} = 13\text{V}$ und $R = 1\ \Omega$.

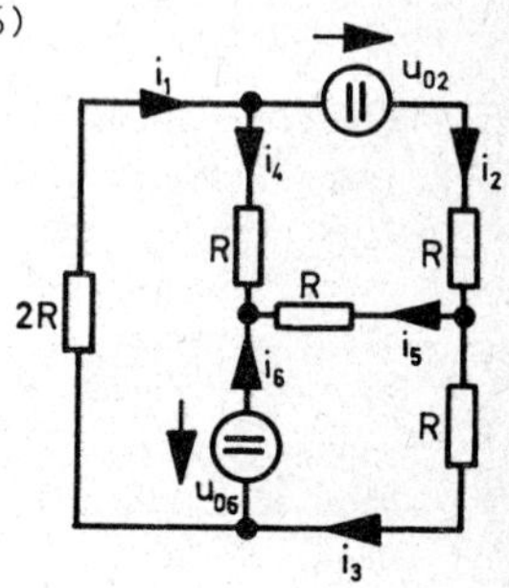

Bild 4.16
Netz mit drei Maschen

4.7 Das nebenstehende Netz enthält zwei Stromquellen und zwei Spannungsquellen (Bild 4.17).

4.7.1 Man zeige, daß in der angegebenen Schaltung z.B. die Ströme

$$i_{01}, i_2, i_{03}, i_4$$

unabhängige Ströme sind.

4.7.2 Für diese unabhängigen Ströme soll das Gleichungssystem aufgestellt werden.

4.7.3 Man berechne den Strom i_8 .

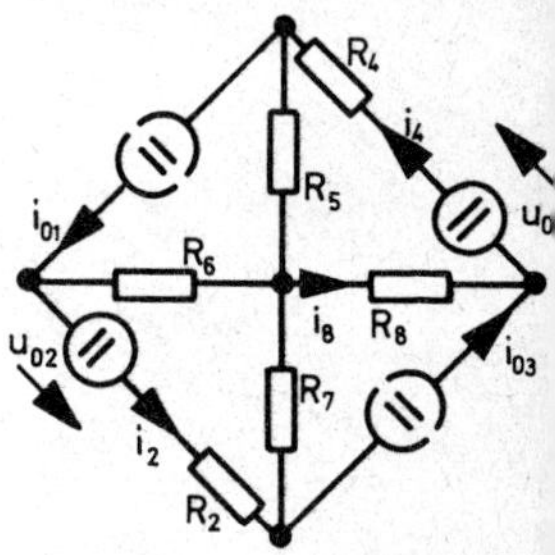

Bild 4.17
Netz mit vier Maschen

4.8 Das nebenstehende Netz enthält eine Stromquelle, eine Spannungsquelle und sechs gleich große ohmsche Widerstände (Bild 4.18).
Man berechne den Strom i_8 allgemein und für die Zahlenwerte

i_{01} = 26 A, u_{04}= 13 V und
R = 1 Ω.

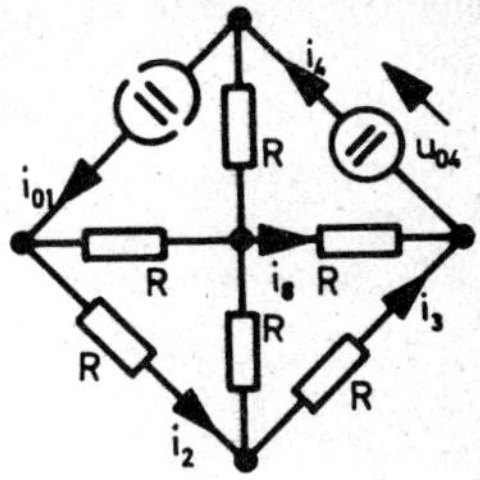

Bild 4.18
Netz mit vier Maschen

4.9 Das nebenstehende (Bild 4.19) Netz enthält zwei Stromquellen und sechs gleich große ohmsche Widerstände.
Man berechne den Strom i_8 .

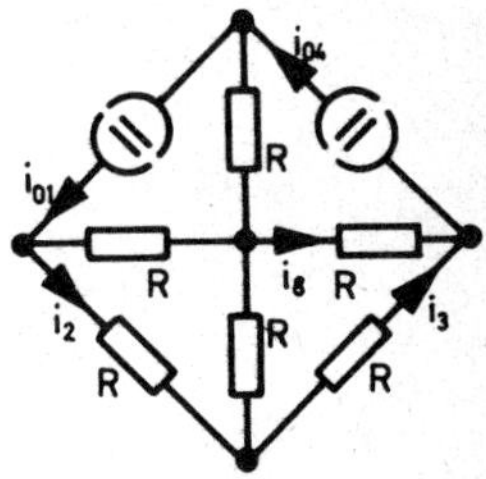

Bild 4.19
Netz mit vier Maschen

4.1o In dem skizzierten (Bild 4.2o) Netz sind u_{05} und i_{02} gegeben.
Gesucht ist der Strom i_4 .

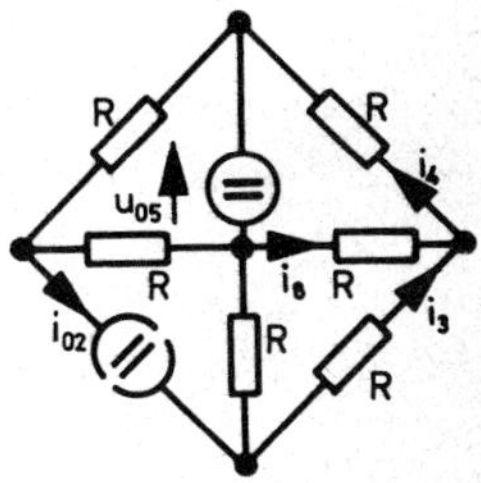

Bild 4.2o
Netz mit vier Maschen

4.11 Gegeben ist das skizzierte Netz aus 6 Widerständen, zwei Spannungsquellen und einer Stromquelle (Bild 4.21).
Der Strom i ist zu berechnen.

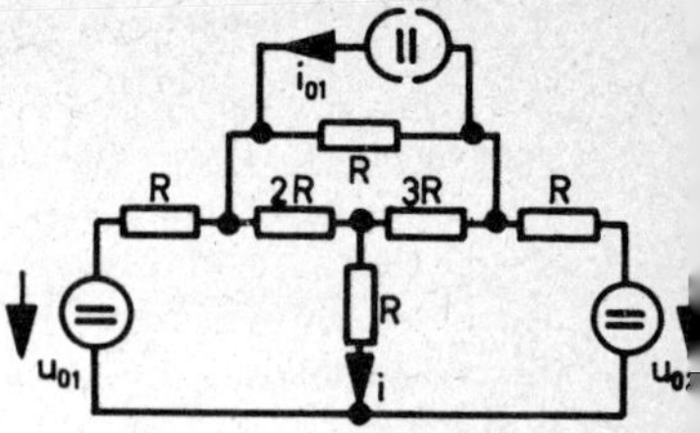

Bild 4.21
Netz mit vier Knoten

4.12 In dem dargestellten Gleichstromnetz (Bild 4.22) bestimme man den Strom i_2 .

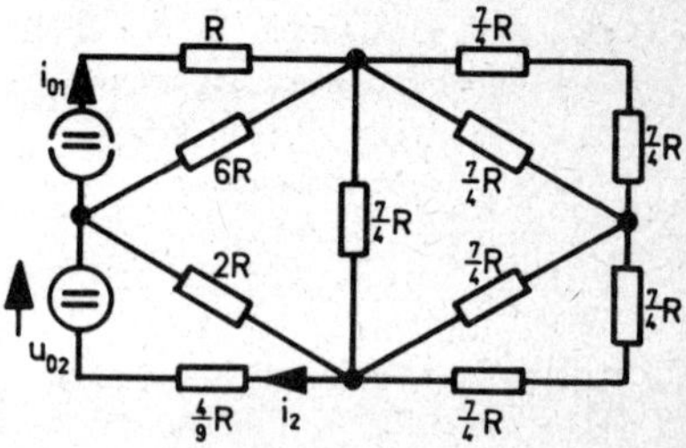

Bild 4.22
Netz mit drei Maschen

4.13 Man ermittle den Widerstand der dargestellten Schaltung zwischen

4.13.1 den Klemmen A und B und

4.13.2 den Klemmen A und C .

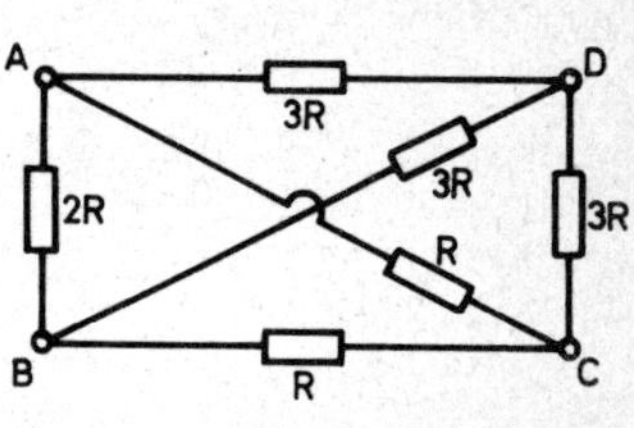

Bild 4.23
Netz mit drei Maschen

LÖSUNGEN

Vorbemerkung zur Auswahl des vollständigen Baumes

Wenn ein Netz mit Hilfe der Maschenanalyse untersucht werden soll, so muß zunächst ein vollständiger Baum ausgewählt werden. Obwohl die Auswahl prinzipiell willkürlich ist, lohnt es sich, hierbei folgendes zu beachten :

1) Baumzweige sollen keine Stromquellen enthalten (vgl. Aufgabe 4.7).

2) Wenn nicht alle Ströme berechnet werden müssen, dann ist es günstig, den Baum so zu legen, daß von den gesuchten Strömen möglichst viele in Verbindungszweigen fließen. Auf diese Weise ergeben sich die Unbekannten unmittelbar aus der Auflösung des Gleichungssystems für die unabhängigen Ströme (vgl. Aufgabe 4.6.3).

3) Spannungsquellen sollen nach Möglichkeit in Verbindungszweigen liegen : beim Aufstellen des Gleichungs-Systems tritt dann jede Quellenspannung nur einmal auf.

4) Es ist günstig, wenn der Baum so gelegt wird, daß die entstehenden Maschen möglichst wenig Zweige enthalten (vgl. Aufgabe 4.11).

Diese Regeln können im allgemeinen nicht alle gleichzeitig befolgt werden. So wird zum Beispiel weiter unten für die Aufgabe 4.11 eine Lösung vorgeschlagen, bei welcher die zweite Regel zugunsten der vierten unberücksichtigt bleibt. In der Aufgabe 4.6 wird eine Lösung gefordert, die der dritten Regel zuwiderläuft.

4.6 4.6.1 Wenn die Zweige 4, 5 und 6 zu Baumzweigen gemacht werden (Bild 4.25), dann sind 1, 2 und 3 die Verbindungszweige. In den Verbindungszweigen fließen die unabhängigen Ströme, in den Baumzweigen die abhängigen.

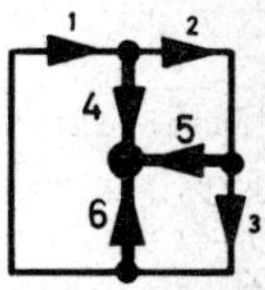

Bild 4.25
Vollständiger Baum zu Schaltung 4.16

4.6.2 Nach der Methode der Maschenanalyse ergibt sich für die drei unabhängigen Ströme das folgende Gleichungssystem :

$$3\,Ri_1 - Ri_2 = -u_{06} \tag{4.1o}$$
$$-Ri_1 + 3\,Ri_2 - Ri_3 = -u_{02} \tag{4.11}$$
$$-Ri_2 + 2\,Ri_3 = +u_{06} \quad . \tag{4.12}$$

Hierbei ist zum Beispiel die Gleichung (4.1o) hervorgegangen aus der Bedingung $\sum u = 0$ für diejenige Masche, die entsteht, wenn der Verbindungszweig 1 über die Baumzweige 4 und 6 zu einem Umlauf geschlossen wird. Für die betrachtete Masche gilt zunächst

$$2\,Ri_1 + Ri_4 + u_{06} = 0 \;; \tag{4.13}$$

hierin wird der abhängige Strom i_4 durch unabhängige Ströme ersetzt :

$$i_4 = i_1 - i_2 \quad . \tag{4.14}$$

Setzt man dies in die Gleichung (4.13) ein, so erhält man die Gleichung (4.1o).

4.6.3 Zur Auflösung des Gleichungs-Systems (4.1o) bis (4.12) eliminieren wir zunächst i_1: Die Gleichung (4.1o) wird mit 1/3 multipliziert und zu (4.11) addiert. Dadurch entsteht die Gleichung

$$\frac{8}{3}\,Ri_2 - Ri_3 = -u_{02} - \frac{1}{3}\,u_{06} \quad . \tag{4.15}$$

Die Gleichungen (4.12) und (4.15) bilden jetzt ein Gleichungs-System für die beiden Unbekannten i_2 und i_3 :

$$\frac{8}{3}\,Ri_2 - Ri_3 = -u_{02} - \frac{1}{3}\,u_{06} \tag{4.15}$$

$$-Ri_2 + 2Ri_3 = u_{06} \quad . \tag{4.12}$$

Multipliziert man die Gleichung (4.15) mit 3/8 und addiert sie dann zur Gleichung (4.12), so entsteht

$$\frac{13}{8}\,Ri_3 = u_{06} - \frac{3}{8}\,u_{02} - \frac{1}{8}\,u_{02}$$

$$\boxed{i_3 = \frac{7u_{06} - 3u_{02}}{13\,R}} \quad . \tag{4.16}$$

Setzt man die Gleichung (4.16) in (4.12) ein, so erhält man eine Bestimmungsgleichung für i_2, und es wird

$$\boxed{i_2 = \frac{u_{06} - 6u_{02}}{13R}} \quad . \tag{4.17}$$

Wenn man dies in die Gleichung (4.1o) einsetzt, so ergibt sich

$$\boxed{i_1 = \frac{-4u_{06} - 2u_{02}}{13\ R}} \quad . \tag{4.18}$$

4.6.4 Für die gegebenen Zahlenwerte wird

$$\boxed{i_1 = -\ 6A\ ;\quad i_2 = -\ 5A\ ;\quad i_3 = 4A} \quad .$$

Die Ströme in den Baumzweigen ergeben sich aus den Knotengleichungen für die Knoten A, B und C (vgl. Bild 4.25) :

$$\boxed{\begin{aligned} i_4 &= i_1 - i_2 = -\ 1A \\ i_5 &= i_2 - i_3 = -\ 9A \\ i_6 &= i_3 - i_1 = 1oA \end{aligned}} \quad .$$

Anmerkung zu 4.6.3

Löst man das Gleichungs-System (4.1o) bis (4.12) mit Hilfe der Determinanten-Schreibweise auf, so erhält man als Nennerdeterminante

$$\Delta = \begin{vmatrix} 3R & -R & o \\ -R & 3R & -R \\ o & -R & -2R \end{vmatrix} = 3R \begin{vmatrix} 3R & -R \\ -R & 2R \end{vmatrix} + R \begin{vmatrix} -R & -R \\ o & 2R \end{vmatrix}$$

$$\Delta = 3R(6R^2 - R^2) - 2R^3 = 13R^3 \ . \tag{4.19}$$

Die Zählerdeterminanten sind

$$\Delta_1 = \begin{vmatrix} u_{06} & -R & o \\ -u_{02} & 3R & -R \\ u_{06} & -R & 2R \end{vmatrix} = -\ 4R^2u_{06} - 2R^2u_{02} \tag{4.2o}$$

$$\Delta_2 = \begin{vmatrix} 3R & u_{06} & o \\ -R & -u_{02} & -R \\ o & u_{06} & -2R \end{vmatrix} = -\,6R^2u_{02} + R^2u_{06} \qquad (4.21)$$

$$\Delta_3 = \begin{vmatrix} 3R & -R & -u_{06} \\ -R & 3R & -u_{02} \\ o & -R & -u_{06} \end{vmatrix} = 7R^2u_{06} - 3R^2u_{02} \qquad (4.22)$$

Setzt man die Ergebnisse (4.19) bis (4.22) in

$$i_1 = \Delta_1/\Delta \ ; \quad i_2 = \Delta_2/\Delta \ ; \quad i_3 = \Delta_3/\Delta$$

ein, so findet man die Ergebnisse (4.16) bis (4.18) bestätigt.

4.7 *4.7.1* Man kann einen vollständigen Baum aus den Zweigen 5, 6, 7 und 8 wählen (Bild 4.26). Die Ströme in den Zweigen 1, 2, 3 und 4 werden dann zu unabhängigen Strömen.

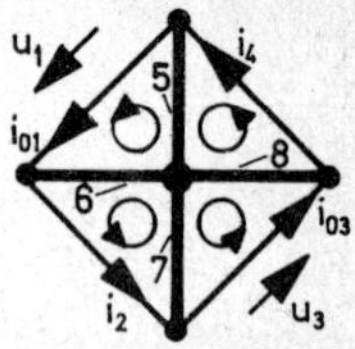

Bild 4.26
Zur Berechnung der unbekannten unabhängigen Ström[e]

4.7.2 Das Gleichungs-System für die unabhängigen Ströme erhält man mit Hilfe der Maschenanalyse für die Kreisströme i_{01}, i_2, i_{03} und i_4 :

i_{01}	i_2	i_{03}	i_4		
R_5+R_6	$-R_6$	o	$-R_5$	$-\ u_1$	(4.23)
$-R_6$	$R_2+R_6+R_7$	$-R_7$	o	$-\ u_{02}$	(4.24)
o	$-R_7$	R_7+R_8	$-R_8$	$-\ u_3$	(4.25)
$-R_5$	o	$-R_8$	$R_4+R_5+R_8$	$-\ u_{04}$	(4.26)

Es muß beachtet werden, daß auf der rechten Seite der Gleichungen (4.23) und (4.25) nicht der Wert null steht, sondern die

jeweilige Spannung an der Stromquelle (in Aufgabe 4.1 wird gezeigt, daß die Spannung an einer Stromquelle nur bei Kurzschluß verschwindet).
Die Spannungen u_1 und u_3 sind allerdings unbekannte Größen : das Gleichungssystem (4.23) bis (4.26) hat die vier Unbekannten i_2, i_4, u_1 und u_3 (die Ströme i_{01} und i_{03} sind gegeben !).

4.7.3 Der abhängige Strom i_8 kann aus den beiden unabhängigen Strömen i_{03} und i_4 berechnet werden :

$$i_8 = i_4 - i_{03} \quad . \qquad (4.27)$$

Hierbei ist i_{03} gegeben, und i_4 ist die einzige Unbekannte in der Gleichung (4.26). Diese Gleichung kann nach i_4 aufgelöst werden :

$$i_4 = \frac{R_5 i_{01} + R_8 i_{03} - u_{04}}{R_4 + R_5 + R_8} \quad .$$

Damit wird

$$\boxed{i_8 = \frac{R_5 i_{01} - (R_4 + R_5) i_{03} - u_{04}}{R_4 + R_5 + R_8}} \quad . \qquad (4.28)$$

4.8 Wir wählen den vollständigen Baum ebenso wie in der Aufgabe 4.7 (Bild 4.26). Die Maschen mit den Kreisströmen i_2, i_3 und i_4 liefern folgendes Gleichungs-System :

i_2	i_3	i_4		
3R	-R	o	Ri_{01}	(4.29)
-R	3R	-R	o	(4.3o)
o	-R	2R	$Ri_{01} - u_{04}$	(4.31)

Die Gleichung für die Masche 1 enthält als vierte Unbekannte die Spannung u_1 an der Stromquelle i_{01} . Diese Spannung kommt in den drei anderen Gleichungen, (4.29) bis (4.31), nicht vor. Deshalb wurde die Gleichung für die Masche 1 von vornherein weggelassen. In dem System der Gleichungen (4.29) bis (4.31) wird zuerst i_2 eliminiert, und dann wird i_8 aus

$$i_8 = i_4 - i_3 \qquad (4.32)$$

berechnet.
Aus der Gleichung (4.29) und der mit dem Faktor 3 multiplizierten Gleichung (4.3o) folgt durch Addition

$$8Ri_3 - 3Ri_4 = Ri_{01} .$$

Addiert man hierzu die mit dem Faktor 8 multiplizierte Gleichung (4.31), so entsteht

$$13Ri_4 = 9Ri_{01} - 8u_{04}$$

$$i_4 = \frac{9i_{01} - 8u_{04}/R}{13} . \qquad (4.33)$$

Aus Gleichung (4.31) folgt außerdem

$$i_4 - i_3 = -i_4 + i_{01} - u_{04}/R ,$$

also mit (4.33) schließlich

$$i_4 - i_3 = -\frac{9}{13} i_{01} + \frac{8}{13}\frac{u_{04}}{R} + i_{01} - u_{04}/R ,$$

demnach wird mit Gleichung (4.32)

$$\boxed{i_8 = \frac{4}{13} i_{01} - \frac{5}{13R} u_{04}} .$$

Mit den angegebenen Zahlenwerten wird

$$\boxed{i_8 = 3A} .$$

4.9 Macht man auch hier wieder die vier mittleren Zweige zu Baumzweigen (vgl. Bild 4.26), so erhält man für die beiden unabhängigen Ströme i_2 und i_3 das Gleichungs-System

i_2	i_3	
3R	-R	Ri_{01}
-R	3R	Ri_{04}

Dessen Auflösung ergibt

$$i_3 = \frac{i_{01} + 3i_{04}}{8} \quad . \tag{4.34}$$

Für den abhängigen Strom i_8 gilt

$$i_8 = i_{04} - i_3 \quad ,$$

und mit Gleichung (4.34) wird

$$\boxed{i_8 = \frac{-i_{01} + 5i_{04}}{8}} \quad .$$

4.1o Wenn wir den vollständigen Baum des Bildes 4.26 wieder verwenden, erhalten wir auch hier sofort ein Gleichungssystem mit nur zwei Unbekannten. Und zwar erhalten wir aus der Betrachtung der beiden rechten Maschen

i_3	i_4	
3R	-R	Ri_{02}
-R	2R	u_{05}

Die Auflösung dieses Systems nach i_4 ergibt

$$\boxed{i_4 = \frac{3}{5R} u_{05} + \frac{1}{5} i_{02}} \quad .$$

Man beachte, daß hierbei der Zweig 5 zum Baumzweig gemacht wurde, obwohl er eine Spannungsquelle enthält.

4.11

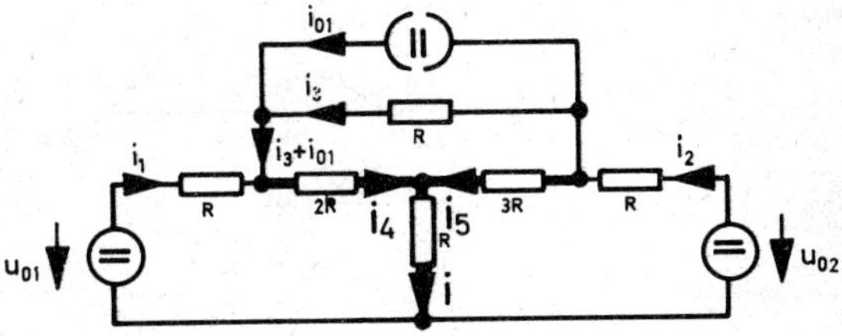

Bild 4.27
Zur Berechnung des Stromes i

Um mit Hilfe der Maschenanalyse einen bestimmten Strom auszurechnen, ist es im allgemeinen am zweckmäßigsten, den vollständigen Baum so zu legen, daß der gesuchte Strom ein unabhängiger Strom wird. Trotzdem legen wir in diesem Fall den Baum so, wie es in Bild 4.27 durch dick ausgezogene Linien dargestellt ist, weil das Gleichungssystem mit den Kreisströmen i_1, i_2 und i_3 am leichtesten angeschrieben und aufgelöst werden kann. Aus dem hierbei entstehenden System berechnen wir die Ströme i_1 und i_2 und erhalten dann den Strom i aus

$$i = i_1 + i_2 \tag{4.35}$$

Als Gleichungssystem für die unabhängigen Ströme i_1, i_2 und i_3 ergibt sich

i_1	i_2	i_3	
$4R$	R	$2R$	$u_{01} - 2Ri_{01}$
R	$5R$	$-3R$	$u_{02} + 3Ri_{01}$
$2R$	$-3R$	$6R$	$-5Ri_{01}$

In diesem Gleichungssystem eliminieren wir zunächst i_3 und erhalten für i_1 und i_2 das Gleichungssystem

i_1	i_2	
10	6	$3u_{01}/R - i_{01}$
4	7	$2u_{02}/R + i_{01}$

Dessen Auflösung ergibt

$$i_1 = \frac{21u_{01}/R - 12u_{02}/R - 13i_{01}}{46}$$

$$i_2 = \frac{-6u_{01}/R + 10u_{02}/R + 7i_{01}}{23}$$

und mit Gleichung (4.35) erhält man

$$\boxed{i = \frac{9u_{01}/R + 8u_{02}/R + i_{01}}{46}} \; .$$

4.12 Die sieben Widerstände von der Größe 7R/4 lassen sich zu einem einzigen Widerstand von der Größe R zusammenfassen. Es entsteht dann eine Schaltung mit nur drei Maschen und drei Knoten, wie es in Bild 4.28 dargestellt ist. In dem Zweig, durch den der Strom i_2 fließt, kann nach dem Auftrennen leicht die Leerlaufspannung u_l berechnet werden (Bild 4.29). Für die untere Masche in Bild 4.29 gilt die Spannungsgleichung

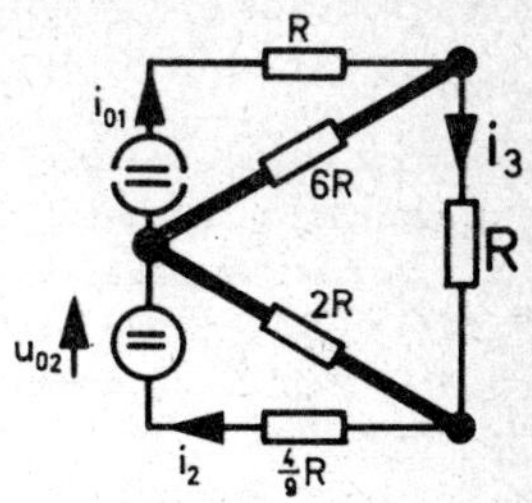

Bild 4.28
Zur Berechnung des Stromes i_2

$$u_l = 2Ri_{3l} - u_{02} \quad .$$

Hierbei ist wegen Gleichung (3.4)

$$i_{3l} = i_{01}\frac{6R}{6R+2R+R} = \frac{2}{3}\, i_{01},$$

so daß

$$u_l = \frac{4}{3}\, Ri_{01} - u_{02}$$

wird. Diese Spannung wirkt auf den Widerstand

$$R_{ges} = \frac{4}{9}R + \frac{2\cdot 7}{2+7}\, R = 2R \quad ,$$

es gilt also

$$i_2 = u_l/R_{ges}$$

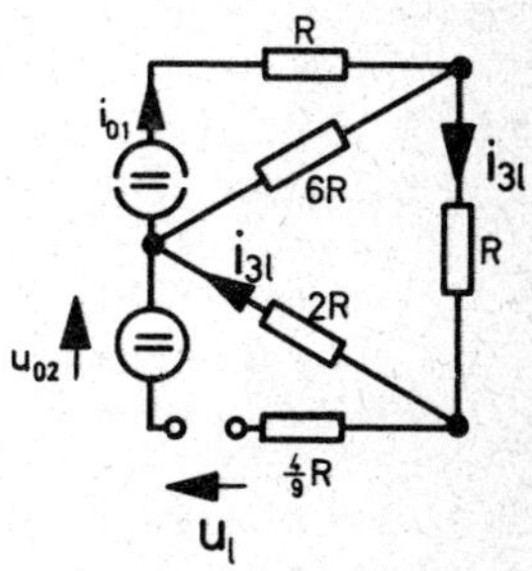

Bild 4.29
Anwendung der Methode der Ersatzspannungsquelle zur Berechnung des Stromes i_2

$$\boxed{i_2 = \frac{2}{3}\, i_{01} - \frac{u_{02}}{2R}} \, . \qquad (4.36)$$

Anmerkung

Anstatt der Methode der Ersatzspannungsquelle können wir selbstverständlich auch hier wieder die Maschenanalyse einsetzen. Wir verwenden dabei als Baum die beiden Zweige mit den Widerständen 6R und 2R, siehe Bild 4.28. Es ergibt sich dann für die beiden Unbekannten i_2 und i_3 das Gleichungs-System

i_2	i_3	
$\frac{22}{9}R$	$-2R$	$-u_{02}$
$-2R$	$9R$	$6Ri_{01}$,

dessen Auflösung wieder zu dem Ergebnis (4.36) führt.

4.13 *4.13.1* Legt man zwischen die Klemmen A und B eine Spannung u_0, so fließt hierbei ein Strom i_0 durch die Spannungsquelle, der von der Größe des Widerstandes zwischen C und D nicht abhängt (abgeglichene Brücke), vgl. die Aufgaben 3.7 bis 3.9. In Bezug auf die Klemmen A und B vereinfacht sich die Schaltung demnach so, wie es in Bild 4.3o dargestellt ist. R_{AB} ergibt sich hierbei aus der Parallelschaltung der Widerstände 2R, R+R und 3R+3R :

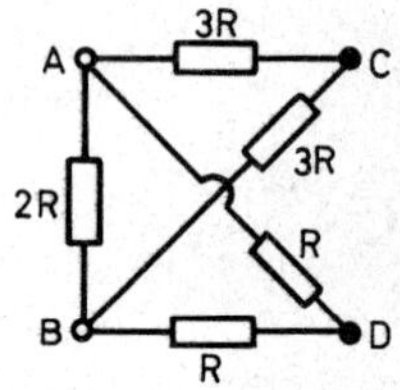

Bild 4.3o
Zur Berechnung des Widerstandes R_{AB}

$$\frac{1}{R_{AB}} = \frac{1}{2R} + \frac{1}{2R} + \frac{1}{6R} = \frac{7}{6R}$$

$$\boxed{R_{AB} = \frac{6}{7}R} \; .$$

4.13.2 Der Widerstand R_{AC} der Schaltung 4.23 unterscheidet sich vom Widerstand R'_{AC} der Schaltung 4.31 nur dadurch, daß in der Schaltung 4.31 der Widerstand R weggelassen wurde, der unmittelbar zwischen den Klemmen A und C liegt. Es gilt also

$$\frac{1}{R_{AC}} = \frac{1}{R} + \frac{1}{R'_{AC}} \; . \qquad (4.37)$$

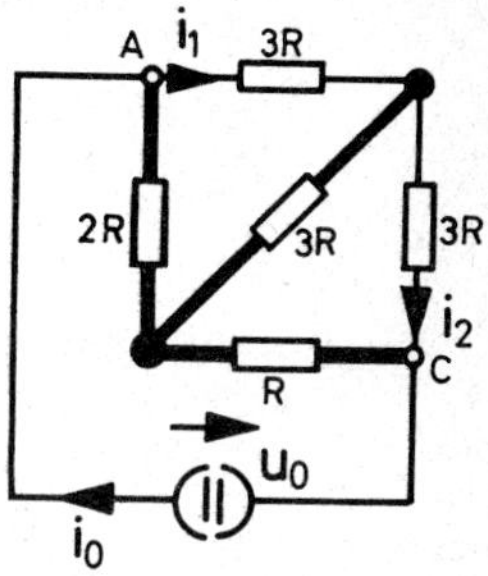

Bild 4.31
Zur Berechnung des Widerstandes R_{AC}

In der Schaltung 4.31 machen wir i_0, i_1 und i_2 zu unabhängigen Strömen und erhalten für die beiden Unbekannten i_1 und i_2 das Gleichungssystem

i_1	i_2		
8	-3	$2i_0$	(4.38)
-3	7	i_0 .	(4.39)

Dessen Auflösung ergibt

$$i_2 = \frac{14}{47} i_0 ,$$

und wenn man dies in Gleichung (4.38) einsetzt, so wird

$$i_1 = \frac{1}{8}(2i_0 + 3i_2) = \frac{1}{8}(2i_0 + \frac{42}{47} i_0) = \frac{17}{47} i_0$$

Wegen

$$u_0 = 3Ri_1 + 3Ri_2$$

wird dann

$$u_0 = \frac{3Ri_0}{47}(17+14) = \frac{93}{47} Ri_0 \quad .$$

Für den Widerstand R'_{AC} zwischen den Klemmen der Schaltung 4.31 gilt demnach

$$R'_{AC} = \frac{u_0}{i_0} = \frac{93}{47} R \quad ,$$

und für den gesuchten Widerstand R_{AC} ergibt sich daraus mit Gleichung (4.37)

$$\frac{1}{R_{AC}} = \frac{47}{93R} + \frac{1}{R} = \frac{140}{93R}$$

$$\boxed{R_{AC} = \frac{93}{140} R} \; .$$

c. Knotenanalyse

AUFGABEN

4.14 Gegeben ist das nebenstehende Netz mit 5 Knoten und 10 Zweigen.

4.14.1 Wieviele unabhängige Ströme können vorgegeben werden ?

4.14.2 Man stelle ein Gleichungssystem auf, das die abhängigen Ströme durch die unabhängigen ausdrückt.

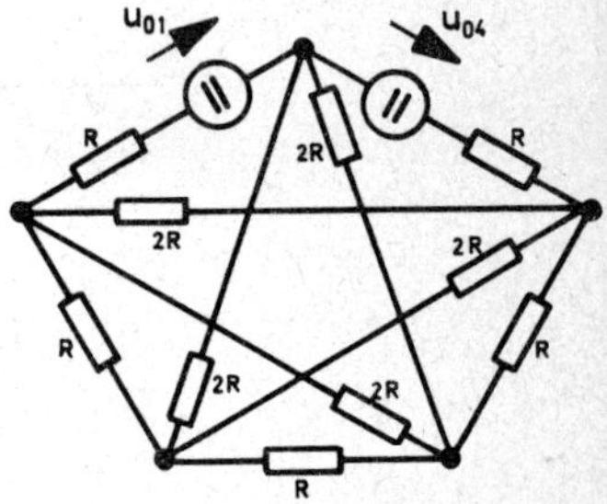

Bild 4.32
Vollständig vermaschtes Fünfecknetz

4.14.3 Das Gleichungssystem für die unabhängigen Ströme ist aufzustellen.

4.14.4 Man wandle die gegebenen Spannungsquellen in Stromquellen um und stelle ein Gleichungssystem für die unabhängigen Spannungen auf.

4.14.5 Das Gleichungssystem aus 4.14.4 ist allgemein und für die Zahlenwerte

$$u_{01} = 11\ \text{V},\ u_{04} = 33\ \text{V}$$

aufzulösen.

4.15 Ein Netzwerk enthält 3 Spannungsquellen mit den Leerlaufspannungen u_{02}, u_{07}, u_{04} sowie 2 Stromquellen mit den Kurzschlußströmen i_{01}, i_{03}.

4.15.1 Man wähle einen vollständigen Baum aus und zeige, daß sich alle Ströme des Netzwerks durch die 2 Ströme der Stromquellen und zwei andere unabhängige Ströme ausdrücken lassen.

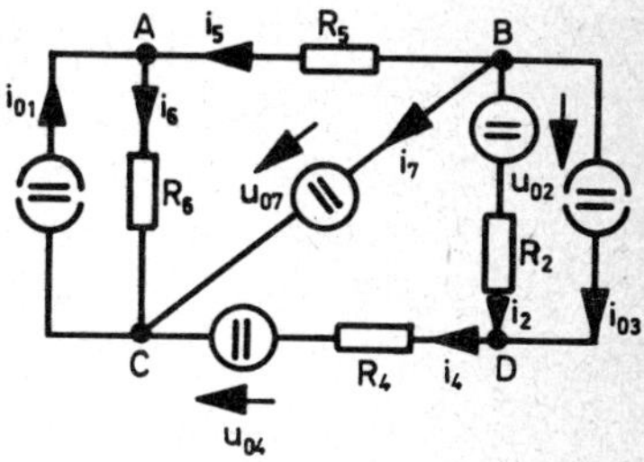

Bild 4.33
Netz mit vier Knoten

4.15.2 Man stelle mit Hilfe der Maschenanalyse für die in 4.15.1 gewählten unabhängigen Ströme ein Gleichungssystem auf und bestimme sämtliche im Netz fließenden Ströme.

4.15.3 Man wähle einen vollständigen Baum für die Knotenanalyse des Netzes aus, drücke die Spannungen in den Verbindungszweigen durch die unabhängigen Spannungen aus und bestimme mit Hilfe der Knotenanalyse die unabhängigen Spannungen. Außerdem berechne man die Spannungen an den Verbindungszweigen.

4.16 Gegeben ist die skizzierte Zusammenschaltung aus 5 Kondensatoren.

4.16.1 Man berechne die Kapazität C_{ges} zwischen den Klemmen A und B.

4.16.2 An die Elektroden A und B wird die Spannung u gelegt.
Wie groß ist die Spannung u_5 ?

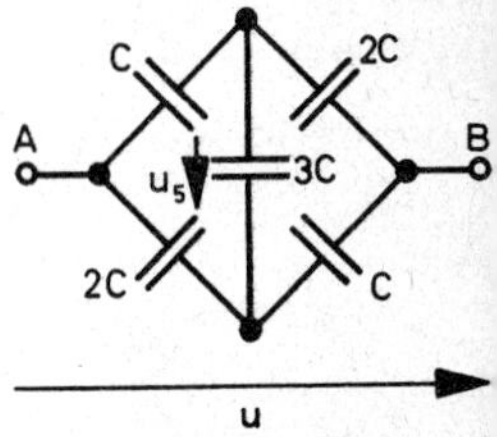

Bild 4.34
Nichtabgeglichene Kondensator-Brückenschaltung

LÖSUNGEN

4.14 *4.14.1* In einem Netz mit k = 5 Knoten und z = 1o Zweigen können

$$\boxed{v = z - k + 1 = 6}$$

Ströme unabhängig voneinander vorgegeben werden.

4.14.2 Wir wählen den Baum mit den Zweigen 1, 2, 3 und 4 (Bild 4.35). Für jeden Knoten (A, B, C und D) muß die Bedingung $\sum i = o$ für die zufließenden Ströme erfüllt sein; daraus ergibt sich ein Gleichungssystem, mit dem die abhängigen Ströme (in den Baumzweigen) auf die unabhängigen Ströme (in den Verbindungszweigen) zurückgeführt werden können :

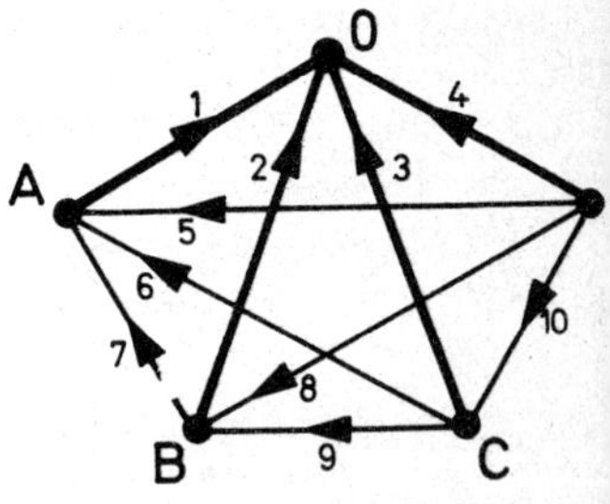

Bild 4.35
Vollständiger Baum zur Knotenanalyse

$$\begin{array}{|l|}\hline i_1 = i_5 + i_6 + i_7 \\ i_2 = \qquad - i_7 + i_8 + i_9 \\ i_3 = \quad - i_6 \qquad - i_9 + i_{10} \\ i_4 = -i_5 \qquad - i_8 \quad - i_{10} \\ \hline \end{array} \; .$$

Zur Kontrolle addieren wir diese vier Gleichungen und finden auf diese Weise

$$i_1 + i_2 + i_3 + i_4 = 0 \quad ,$$

was auch unmittelbar aus der Bedingung $\sum i = 0$ für den Knoten o hervorgeht.

4.14.3 Mit Hilfe der Maschenanalyse erhält man das folgende Gleichungssystem für die sechs unabhängigen Ströme (wobei die Ströme in den Richtungen positiv gezählt werden, die in Bild 4.35 eingezeichnet sind) :

i_5	i_6	i_7	i_8	i_9	i_{10}	
4R	R	R	R	o	R	$-u_{01} - u_{04}$
R	5R	R	o	2R	-2R	$-u_{01}$
R	R	4R	-2R	-2R	o	$-u_{01}$
R	o	-2R	5R	2R	R	$-u_{04}$
o	2R	-2R	2R	5R	-2R	o
R	-2R	o	R	-2R	4R	$-u_{04}$

Zur Berechnung der Ströme und Spannungen in diesem Netz mit Hilfe der Maschenanalyse müßte also ein Gleichungssystem mit sechs Unbekannten aufgelöst werden.

4.14.4 In dieser Aufgabe lohnt es sich, die Knotenanalyse anstatt der Maschenanalyse zu verwenden, da hierbei ein Gleichungssystem für nur vier Größen (die vier Baumspannungen) entsteht.

Wir bereiten die Knotenanalyse vor, indem wir die Spannungsquellen u_1 und u_4 und deren Innenwiderstände in gleichwertige Stromquellen verwandeln, wie es in Bild 4.36 dargestellt wird.

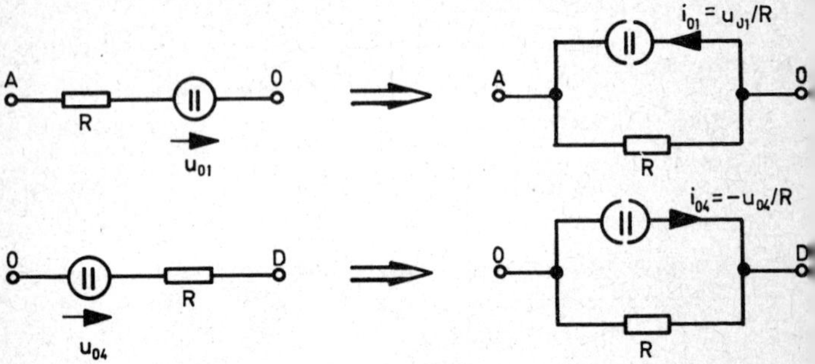

Bild 4.36
Umwandlung der Spannungs- in Stromquellen

Nachdem die Spannungsquellen in Stromquellen umgewandelt worden sind, ergibt sich der in Bild 4.37 dargestellte Graph für das gesamte Netz. Die Knotenanalyse liefert mit G = 1/R das Gleichungssystem

u_1	u_2	u_3	u_4	
3G	-G	-G/2	-G/2	$u_{01}G$
-G	3G	-G	-G/2	0
-G/2	-G	3G	-G	0
-G/2	-G/2	-G	3G	$-u_{04}G$

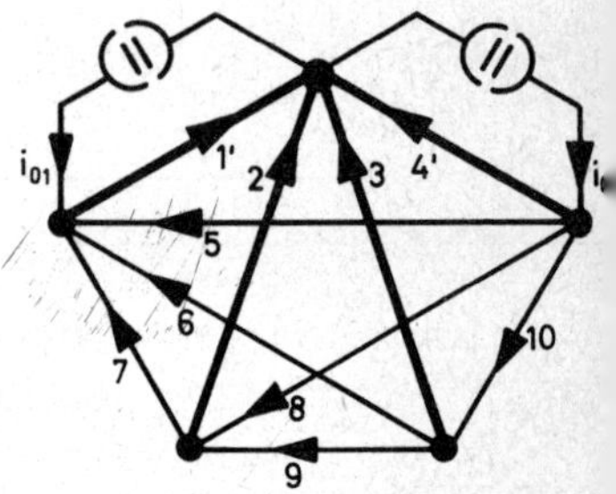

Bild 4.37
Struktur des Netzes 4.32 nach Umwandlung der Spannungs- in Stromquellen

Diese vier Gleichungen kann man durch G dividieren :

u_1	u_2	u_3	u_4	
3	-1	$-\frac{1}{2}$	$-\frac{1}{2}$	u_{01}
-1	3	-1	$-\frac{1}{2}$	0
$-\frac{1}{2}$	-1	3	-1	0
$-\frac{1}{2}$	$-\frac{1}{2}$	-1	3	$-u_{04}$

4.14.5 Zur Auflösung des Systems eliminieren wir zunächst u_1 und erhalten

u_2	u_3	u_4	
8	-7/2	-2	u_{01}
-7	35/2	-13/2	u_{01}
-4	-13/2	35/2	$u_{01} - 6u_{04}$

Hierin wird u_2 eliminiert :

u_3	u_4	
231/2	-66	$15u_{01}$
-33/2	33	$3u_{01} - 12u_{04}$

Aus diesem Gleichungssystem folgt

$$\boxed{u_3 = \frac{2}{55}(7u_{01} - 8u_{04})}$$

$$\boxed{u_4 = \frac{4}{55}(3u_{01} - 7u_{04})} \; .$$

Zu den Spannungen u_1 und u_2 gelangt man nun am einfachsten, wenn man die Symmetrie des Netzes berücksichtigt : Ersetzt man u_{01} durch $-u_{04}$ und u_{04} durch $-u_{01}$, so geht u_3 in u_2 und u_4 in u_1 über :

$$\boxed{u_2 = \frac{2}{55}\,(8u_{01} - 7u_{04})}$$

$$\boxed{u_1 = \frac{4}{55}\,(7u_{01} - 3u_{04})}\ .$$

Mit den gegebenen Zahlenwerten wird

$$\boxed{\begin{array}{ll} u_1 = -1{,}6\ \mathrm{V}; & u_2 = -5{,}2\ \mathrm{V} \\ u_3 = -6{,}8\ \mathrm{V}; & u_4 = -14{,}4\ \mathrm{V} \end{array}}\ .$$

Aus den vier Baumspannungen können nun auch leicht die sechs übrigen Spannungen berechnet werden :

$$\begin{aligned} u_5 &= -u_1 \qquad\qquad\qquad + u_4 \\ u_6 &= -u_1 \qquad\quad + u_3 \\ u_7 &= -u_1 + u_2 \\ u_8 &= \qquad - u_2 \qquad\quad + u_4 \\ u_9 &= \qquad - u_2 + u_3 \\ u_{10} &= \qquad\qquad\quad - u_3 + u_4\ . \end{aligned}$$

Wenn damit die Spannungen aller Zweige bekannt sind, können auch alle Ströme leicht berechnet werden.

4.15 *4.15.1* Wenn als vollständiger Baum der Graph in Bild 4.38 gewählt wird, sind i_2 und i_5 die beiden unbekannten unabhängigen Ströme (i_{01} und i_{03} sind gegeben !). Die Ströme in den Baumzweigen können durch die Ströme in den Verbindungszweigen ausgedrückt werden. Es gilt

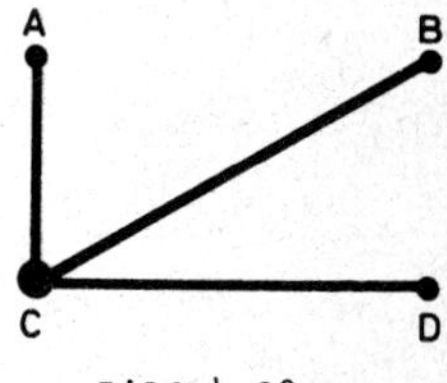

Bild 4.38
Ein vollständiger Baum des Netzes 4.33

im Knoten D : $i_4 = i_2 + i_{03}$ (4.40)

im Knoten A : $i_6 = i_{01} + i_5$ (4.41)

im Knoten B : $i_7 = -i_2 - i_5 - i_{03}$. (4.42)

4.15.2 Mit Hilfe der Maschenanalyse stellen wir das Gleichungssystem für die vier Kreisströme i_{01}, i_2, i_{03} und i_5 auf :

i_{01}	i_2	i_{03}	i_5		
R_6	o	o	R_6	$-u_1$	(4.43)
o	R_2+R_4	R_4	o	$-u_{02}-u_{04}+u_{07}$	(4.44)
o	R_4	R_4	o	$-u_3\ -u_{04}+u_{07}$	(4.45)
R_6	o	o	R_5+R_6	u_{07}	(4.46)

Die Gleichung (4.44) enthält als einzige Unbekannte den Strom i_2, so daß sie unmittelbar nach i_2 aufgelöst werden kann :

$$i_2 = \frac{-u_{02}-u_{04}+u_{07}-R_4 i_{03}}{R_2+R_4} \quad . \tag{4.47}$$

Ebenso enthält die Gleichung (4.46) als einzige Unbekannte den Strom i_5 ; aufgelöst nach i_5 ergibt sie

$$i_5 = \frac{u_{07}-R_6 i_{01}}{R_5+R_6} \quad . \tag{4.48}$$

Die Gleichungen (4.43) und (4.45) enthalten als Unbekannte außerdem die Spannungen u_1 und u_3 , die an den Stromquellen liegen.

Die Ströme in den Baumzweigen ergeben sich aus den Gleichungen (4.4o), (4.41) und (4.42), wenn man die Ergebnisse (4.47) und (4.48) dort einsetzt :

$$i_4 = \frac{-u_{02}-u_{04}+u_{07}+R_2 i_{03}}{R_2+R_4} \tag{4.49}$$

$$i_6 = \frac{u_{07}+R_5 i_{01}}{R_5+R_6} \tag{4.5o}$$

$$i_7 = \frac{u_{02}+u_{04}-u_{07}-R_2 i_{03}}{R_2+R_4} + \frac{-u_{07}+R_6 i_{01}}{R_5+R_6} \quad . \tag{4.51}$$

4.15.3 Anstelle der Maschenanalyse kann man auch bei gleiche Wahl des vollständigen Baumes (Bild 4.38) die Knotenanalyse verwenden, um die unbekannten Spannungen und daraus die unbe- kannten Ströme zu berechnen. In dieser Aufgabe ist allerdings die Maschenanalyse einfacher, weil der Knotenanalyse die Umwandlung der Spannungsquellen in den Zweigen 2 und 4 in Strom quellen vorausgehen muß (Bild 4.39).

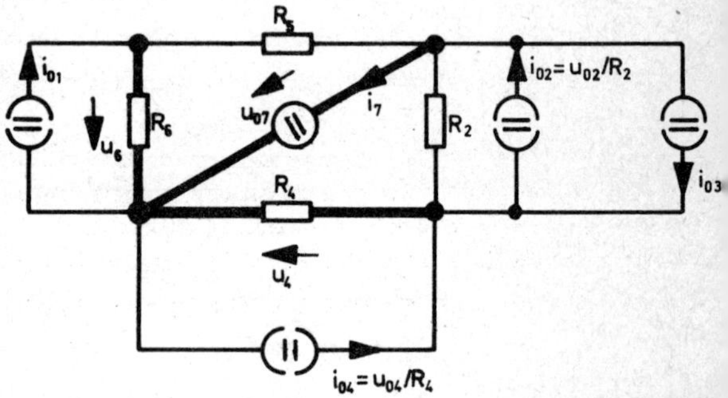

Bild 4.39
Das Netz 4.33 nach der Umwandlung der Spannungs- in Stromquellen

Es ergibt sich das folgende Gleichungs-System für die Spannun gen u_4, u_6 und u_{07} in den drei Baumzweigen :

u_4	u_6	u_{07}		
$\frac{1}{R_2} + \frac{1}{R_4}$	o	$-\frac{1}{R_2}$	$-\frac{u_{02}}{R_2} + i_{03} + \frac{u_{04}}{R_4}$	(4.52
o	$\frac{1}{R_5} + \frac{1}{R_6}$	$-\frac{1}{R_5}$	i_{01}	(4.53
$-\frac{1}{R_2}$	$-\frac{1}{R_5}$	$\frac{1}{R_2} + \frac{1}{R_5}$	$\frac{u_{02}}{R_2} - i_{03} - i_7$	(4.54

Hierbei muß beachtet werden, daß u_{07} bekannt, aber i_7 unbekannt ist (der Strom i_7 in der Spannungsquelle u_{07} kann nicht einfach durch u_{07} ausgedrückt werden, er erscheint daher als dritte Unbekannte im Gleichungssystem). Zur Berechnung der Baumspannungen kann also auf die Gleichung (4.54) einfach verzichtet werden.

In der Gleichung (4.52) kommt als einzige Unbekannte u_4 vor, so daß sich ergibt

$$\boxed{u_4 = \frac{u_{07}R_4 - u_{02}R_4 + i_{03}R_2R_4 + u_{04}R_2}{R_2+R_4}} . \qquad (4.55)$$

Daraus folgt

$$i_4 = \frac{u_4}{R_4} - \frac{u_{04}}{R_4} = \frac{u_{07} - u_{02} + i_{03}R_2 - u_{04}}{R_2+R_4} ,$$

die Gleichung (4.49) finden wir also bestätigt.

In der Gleichung (4.53) ist u_6 die einzige Unbekannte, so daß man durch Auflösen dieser Gleichung unmittelbar erhält

$$u_6 = \frac{i_{01}R_5R_6 + u_{07}R_6}{R_5+R_6} . \qquad (4.56)$$

Aus den Baumspannungen ergeben sich die Verbindungsspannungen wie folgt :

$$u_2 = u_{07} - u_4$$

$$u_5 = u_{07} - u_6 ,$$

so daß

$$\boxed{u_2 = \frac{R_2(u_{07} - u_{04}) + R_4(u_{02} - i_{03}R_2)}{R_2+R_4}} \qquad (4.57)$$

und

$$\boxed{u_5 = \frac{R_5}{R_5+R_6}(u_{07} - R_6 i_{01})} \qquad (4.58)$$

wird.

Anmerkung zur Entstehung der Gleichung (4.54)

Die Gleichung (4.54) ergibt sich aus der Bedingung $\sum i = o$ für den Knoten B :

$$i_7 + i_5 + i_2 = - i_{03} .$$

Hierbei ist

$$i_2 R_2 + u_{02} = u_2$$

$$i_2 = \frac{u_2 - u_{02}}{R_2}$$

und

$$i_5 = u_5/R_5 \quad .$$

Damit wird

$$i_7 + \frac{u_5}{R_5} + \frac{u_2 - u_{02}}{R_2} = - i_{03} .$$

Ersetzt man hierin die abhängigen Spannungen u_5 und u_2 durch Baumspannungen, so erhält man

$$\frac{u_{07} - u_6}{R_5} + \frac{u_{07} - u_4}{R_2} = \frac{u_{02}}{R_2} - i_{03} - i_7$$

$$- \frac{u_4}{R_2} - \frac{u_6}{R_5} + u_{07}\left(\frac{1}{R_2} + \frac{1}{R_5}\right) = \frac{u_{02}}{R_2} - i_{03} - i_7 \; . \quad (4.5$$

4.16 *4.16.1* Zur Berechnung der Gesamtkapazität C wenden wir die Knotenanalyse an. Hierbei integrieren wir die Knotengleichungen $\sum i = o$, die das Gleichungssystem für die unabhängigen Spannungen liefern, über die Zeit, es entstehen dann mit

$$Q_\nu = \int_{-\infty}^{+\infty} i_\nu dt \quad (4.5$$

die Knotengleichungen

$$\sum Q = o \quad , \quad (4.6$$

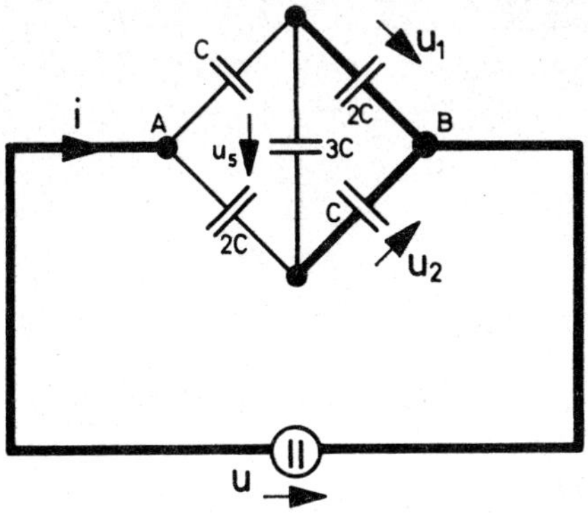

Bild 4.4o
Zur Berechnung der Kapazität C_{AB} mit Hilfe der Knotenanalyse

Bis zur völligen Aufladung aller Kondensatoren fließt im Zweig mit der Spannungsquelle u der Strom i (Bild 4.4o), die Spannungsquelle gibt also insgesamt die Ladung

$$Q = \int_{-\infty}^{+\infty} i \, dt$$

ab. Wählt man den Baum so, daß u, u_1 und u_2 zu Baumspannungen (unabhängigen Spannungen) werden, dann ergibt sich folgendes Gleichungssystem für diese Spannungen :

u	u_1	u_2		
3C	-C	-2C	Q	(4.61)
-C	6C	-3C	o	(4.62)
-2C	-3C	6C	o	(4.63)

Hierbei ist u vorgegeben, die Unbekannten im Gleichungssystem sind dann die Spannungen u_1 und u_2 und die Ladung Q. Durch Weglassen der Gleichung (4.61) entsteht ein Gleichungssystem mit nur zwei Unbekannten (u_1 und u_2) :

u_1	u_2		
6C	-3C	Cu	(4.62)
-3C	6C	2Cu	(4.63)

Hieraus ergibt sich

$$u_1 = \frac{4}{9} u \tag{4.64}$$

$$u_2 = \frac{5}{9} u \quad . \tag{4.65}$$

Setzt man diese beiden Ergebnisse in die Gleichung (4.61) ein, so erhält man

$$Q = \frac{13}{9} Cu \quad ,$$

und wegen

$$C_{ges} = Q/u$$

wird dann

$$\boxed{C_{ges} = \frac{13}{9} C} \quad . \tag{4.66}$$

4.16.2 Setzt man die Ergebnisse (4.64) und(4.65) in die Gleichung

$$u_5 = u_1 - u_2$$

ein, so folgt daraus

$$\boxed{u_5 = - \frac{1}{9} u} \quad . \tag{4.67}$$

Anmerkung

Anstatt des gegebenen Kondensatornetzes kann man auch ein Widerstandsnetz als analogen Fall betrachten, indem man

$$C \text{ durch } G = \frac{1}{R}$$

und

$$2\,C \quad \text{durch } 2\,G = \frac{1}{R/2}$$

ersetzt (Bild 4.41) .

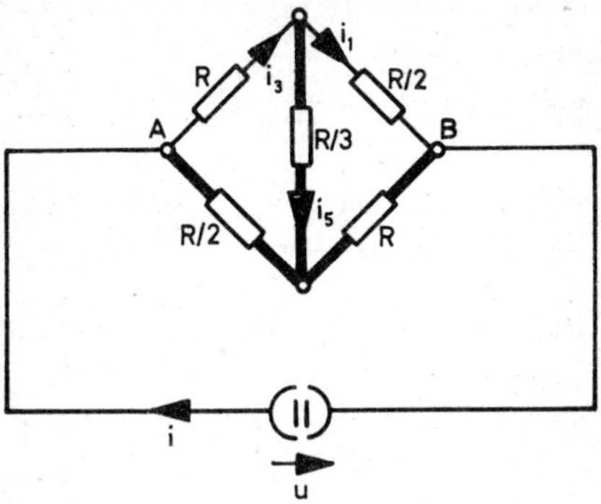

Bild 4.41
Zur Berechnung der Kapazität C_{AB} mit Hilfe der Maschenanalyse

Man berechnet hierfür den Gesamtleitwert G_{ges}, und aus ihm erhält man wegen

$$\frac{G_{ges}}{G} = \frac{C_{ges}}{C}$$

das Ergebnis

$$C_{ges} = \frac{C}{G}\,G_{ges} \qquad (4.68)$$

Für das in Bild 4.41 dargestellte Netz wenden wir die Maschenanalyse so an, daß i, i_1 und i_3 zu unabhängigen Strömen werden :

i	i_1	i_3		
$\frac{3}{2}R$	$-R$	$-\frac{1}{2}R$	u	(4.69)
$-R$	$\frac{11}{6}R$	$-\frac{1}{3}R$	o	(4.7o)
$-\frac{R}{2}$	$-\frac{1}{3}R$	$\frac{11}{6}R$	o	(4.71)

In diesem Gleichungssystem sind i_1, i_3 und u unbekannt; der Strom i sei gegeben (Stromquelle !). Die Unbekannte u wird einfach eliminiert, indem man die Gleichung (4.69) wegläßt. Es entsteht dann für die zwei Unbekannten i_1 und i_3 das Gleichungssystem

i_1	i_3		
$\frac{11}{6}R$	$-\frac{1}{3}R$	Ri	(4.7o)
$-\frac{1}{3}R$	$\frac{11}{6}R$	$\frac{R}{2}i$	(4.71)

mit den Lösungen

$$i_1 = \frac{8}{13}\, i$$

$$i_3 = \frac{5}{13}\, i \quad .$$

Wegen

$$u = u_1 + u_3 = \frac{R}{2}\, i_1 + Ri_3 = \frac{9}{13}\, Ri$$

erhält man

$$G_{ges} = \frac{i}{u} = \frac{13}{9R} = \frac{13}{9}\, G \,,$$

für das entsprechende Kondensatornetz gilt demnach wegen Gleichung (4.68)

$$C_{ges} = \frac{C}{G}\, G_{ges} = \frac{13}{9}\, C \quad .$$

Außerdem ist

$$i_5 = i_3 - i_1 = -\frac{3}{13}\, i = -\frac{3}{13} \cdot \frac{13}{9} \cdot \frac{u}{R} = -\frac{3}{9}\frac{u}{R}$$

und damit

$$u_5 = \frac{R}{3}\, i_5 = -\frac{u}{9} \quad .$$

Wir finden also die Ergebnisse (4.66) und (4.67) bestätigt.

d. Superposition

AUFGABEN

4.17 4.17.1 Man bestimme Leerlaufspannung und Innenwiderstand einer Ersatzspannungsquelle für die angegebene Schaltung.

4.17.2 Man bestimme Kurzschlußstrom und Innenwiderstand einer Ersatzstromquelle für die angegebene Schaltung.

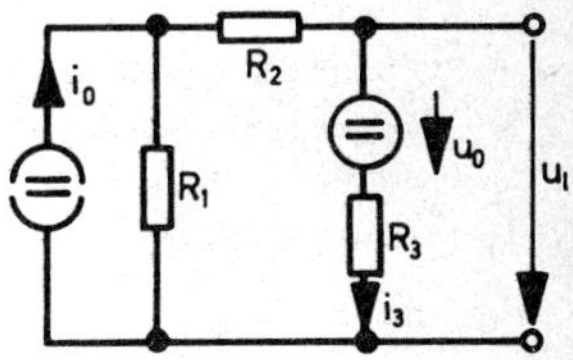

Bild 4.42
Netz mit Spannungs- und Stromquelle

4.18 Die nebenstehende Schaltung besteht aus einer Stromquelle mit dem Strom i_{01} , einer Spannungsquelle mit der Spannung u_{01} und einem Widerstand R.

4.18.1 Mit Hilfe des Superpositionsprinzips soll die Beziehung zwischen dem Klemmenstrom i und der

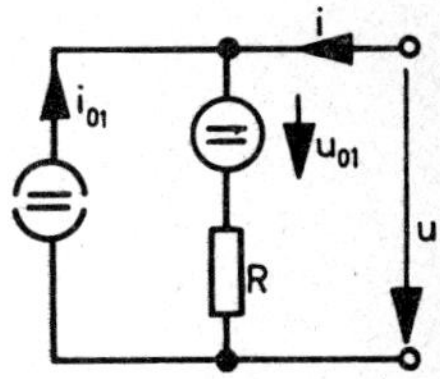

Bild 4.43
Netz mit Spannungs- und Stromquelle

Klemmenspannung u hergeleitet werden.

4.18.2 Es soll die Ersatzspannungsquelle für die Schaltung angegeben werden.

4.18.3 Es soll die Ersatzstromquelle für die Schaltung angegeben werden.

4.19 Die nebenstehende Schaltung enthält eine Stromquelle, eine Spannungsquelle und zwei Widerstände.

Man berechne den Strom i_1 .

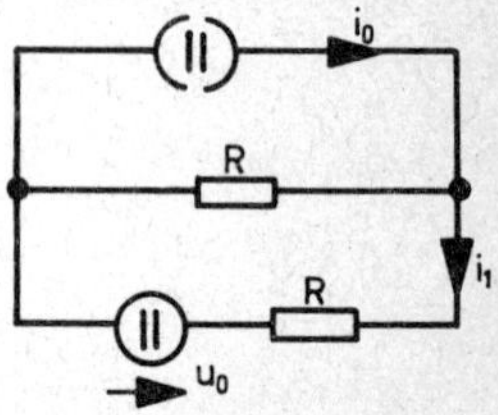

Bild 4.44
Netz mit Spannungs- und Stromquelle

4.2o Gegeben ist das nebenstehend skizzierte Netz mit 6 Widerständen und 2 Spannungsquellen. Die Größe der Spannung u_0 und der Wert von R seien bekannt.

4.2o.1 Die Spannung u_1 soll so gewählt werden, daß der Strom i gleich null wird.
Man berechne u_1 .

4.2o.2 Wie groß muß u_1 werden, damit i doppelt so groß wie im Fall u_1 = o wird ?

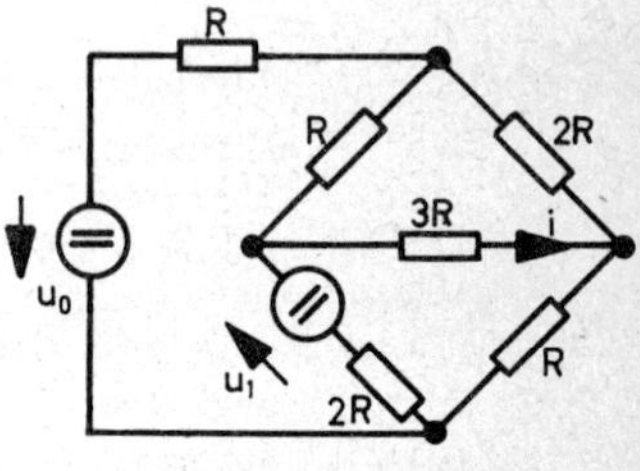

Bild 4.45
Vollständig vermaschtes Netz mit vier Knoten

LÖSUNGEN

4.17 *4.17.1* Die Leerlaufspannung u_1 zwischen den Klemmen 1 und 2 errechnen wir mit Hilfe der Superposition der Ströme i_3' und i_3'' der beiden Schaltungen in Bild 4.46 :

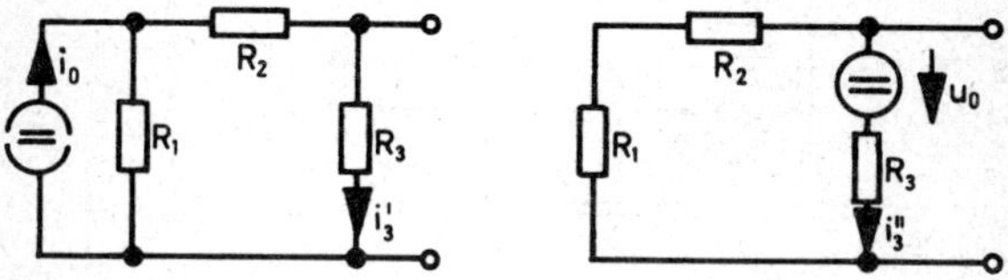

Bild 4.46
Zur Berechnung des Stromes i_3 mit Hilfe des Superpositionsprinzips

Die linke Schaltung in Bild 4.46 kommt dadurch zustande, daß nur die Quelle mit dem Strom i_0 wirkt; die andere Quelle (mit der Spannung u_0) wird hierbei fortgelassen, d.h. ersetzt durch einen W i d e r s t a n d der Größe null.
Die rechte Schaltung entsteht dadurch, daß nur die Quelle mit der Spannung u_0 wirkt; die andere Quelle (mit dem Strom i_0) wird hierbei fortgelassen, d.h. ersetzt durch einen L e i t w e r t mit der Größe null.

Es wird

$$i_3' = i_0 \frac{R_1}{R_1+R_2+R_3}$$

und

$$i_3'' = -\frac{u_0}{R_1+R_2+R_3}$$

und damit

$$i_3 = i_3' + i_3'' = \frac{i_0 R_1 - u_0}{R_1+R_2+R_3} \quad .$$

(Anstatt die Ströme i_3' und i_3'' zu überlagern, kann man auch unmittelbar die Spannungen

$$u_3' = R_3 i_3' \text{ und } u_3'' = R_3 i_3''$$

superponieren:

$$u_3' + u_3'' = u_3 = i_3 R_3 \text{ .)}$$

Im Leerlauf gilt

$$u_1 = u_0 + R_3 i_3 = u_0 + R_3 \frac{R_1 i_0 - u_0}{R_1+R_2+R_3}$$

$$\boxed{u_1 = \frac{i_0 R_1 R_3 + u_0(R_1+R_2)}{R_1+R_2+R_3}} \quad . \tag{4.72}$$

Den Innenwiderstand der Ersatzspannungsquelle erhält man, wenn man von den Klemmen 1 und 2 aus den Widerstand mißt und hierbei die beiden Quellen i_0 und u_0 fortläßt (Bild 4.47) :

$$R_i = R_{12}$$

$$\boxed{R_i = \frac{(R_1+R_2)R_3}{R_1+R_2+R_3}} \quad . \tag{4.73}$$

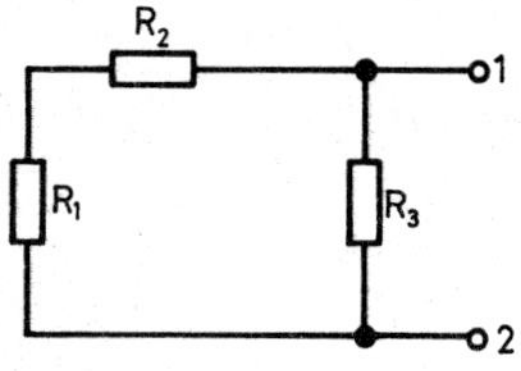

Bild 4.47
Zur Berechnung des inneren Widerstandes

4.17.2 Der Kurzschlußstrom i_k kann ebenfalls durch Superposition der beiden Anteile von der Strom- und der Spannungsquelle bestimmt werden (Bild 4.48):

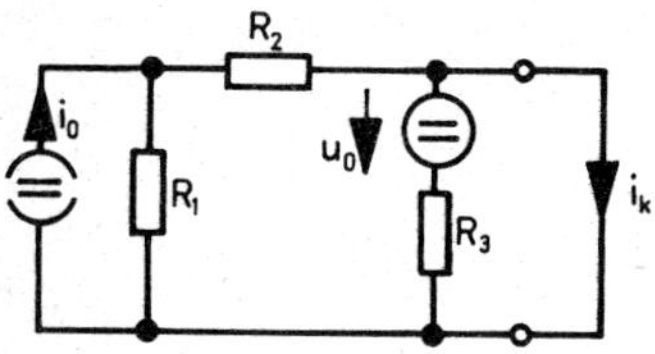

$$\boxed{i_k = i_0 \frac{R_1}{R_1 + R_2} + \frac{u_0}{R_3}} \;. \qquad (4.74)$$

Bild 4.48
Zur Berechnung des Kurzschlußstromes i_k

Für den Innenwiderstand gilt auch hier die Gleichung (4.73).

Anmerkung 1

Die Ergebnisse (4.72), (4.73) und (4.74) kontrollieren wir, indem wir uns davon überzeugen, daß sie die Gleichung

$$u_l = R_i \, i_k$$

befriedigen.

Anmerkung 2

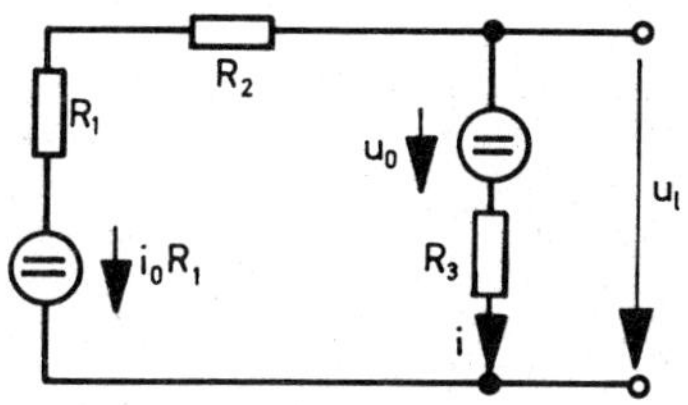

Bild 4.49
Austausch der Stromquelle gegen eine gleichwertige Spannungsquelle

Die Spannung u_1 kann auch leicht berechnet werden, nachdem man die Stromquelle durch eine gleichwertige Spannungsquelle ersetzt hat (Bild 4.49). Es wird

$$i = \frac{i_0 R_1 - u_0}{R_1 + R_2 + R_3}$$

und damit

$$u_1 = u_0 + R_3 i = \frac{i_0 R_1 R_3 + u_0 (R_1 + R_2)}{R_1 + R_2 + R_3} \quad .$$

4.18 *4.18.1* Legt man an die Klemmen der Schaltung 4.43 einen beliebigen Widerstand R_1, so fließt der Strom i. Dieser Strom kann aus den Strömen i' und i'' der beiden Schaltungen in Bild 4.5o berechnet werden.

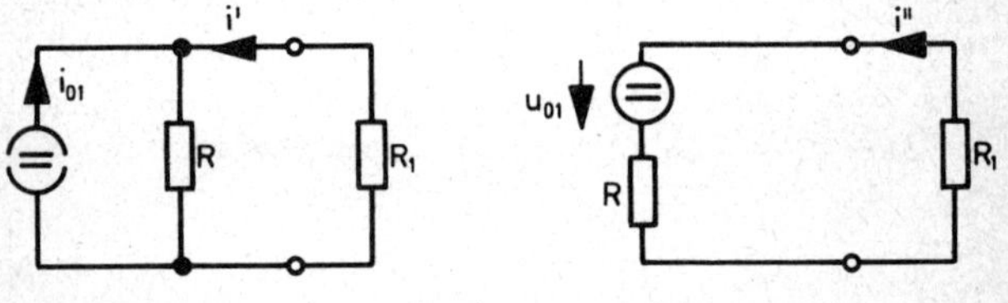

Bild 4.5o
Zur Berechnung des Stromes i mit Hilfe des Superpositionsprinzips

Es wird

$$i' = -\, i_{01} \frac{R}{R+R_1} \quad \text{und} \quad i'' = -\, \frac{u_{01}}{R+R_1} \quad .$$

Daraus ergibt sich durch Superposition

$$i = i' + i'' = - \frac{Ri_{01}+u_{01}}{R+R_1} \quad .$$

Mit

$$R_1 = - u/i$$

wird dann

$$\boxed{i = - i_{01} - \frac{u_{01}-u}{R}} \quad . \qquad (4.75)$$

4.18.2 Setzt man in der Gleichung (4.75) $i = o$, so wird $u = u_l$:

$$o = - i_{01} - \frac{u_{01}-u_l}{R} \; .$$

Daraus ergibt sich die Leerlaufspannung u_l der Ersatzspannungsquelle :

$$\boxed{u_l = Ri_{01} + u_{01}} \; ,$$

und der innere Widerstand ist

$$\boxed{R_i = R} \; .$$

Als Ersatzschaltung für die Schaltung 4.43 ergibt sich die Schaltung 4.51 :

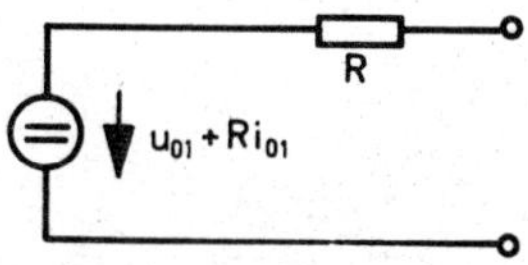

Bild 4.51
Ersatzspannungsquelle
für die Schaltung 4.43

4.18.3 Setzt man in der Gleichung (4.75) $u = o$, so wird $i = i_k$:

$$\boxed{i_k = - i_{01} - u_{01}/R} \; .$$

Der innere Widerstand ist auch hier wieder

$$\boxed{R_i = R}\ .$$

Die damit berechnete Ersatzstromquelle ist in Bild 4.52 dargestellt :

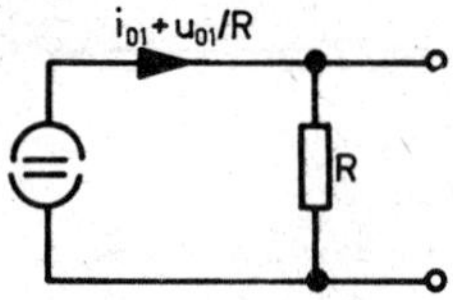

Bild 4.52
Ersatzstromquelle für die Schaltung 4.43

4.19 Die Spannungsquelle verursacht im unteren Zweig den Stromanteil

$$i_1' = \frac{u_0}{2R}$$

und die Stromquelle den Anteil

$$i_1'' = \frac{1}{2}\, i_0\ ,$$

so daß wir mit $i_1 = i_1' + i_1''$ zum Ergebnis

$$\boxed{i_1 = \frac{1}{2}\,(u_0/R + i_0)} \qquad (4.76)$$

gelangen.

Anmerkung

Zum gleichen Resultat gelangt man auch leicht auf folgende Weise : Im mittleren Zweig fließt der Strom $i_1 - i_0$, vgl. Bild 4.53 :

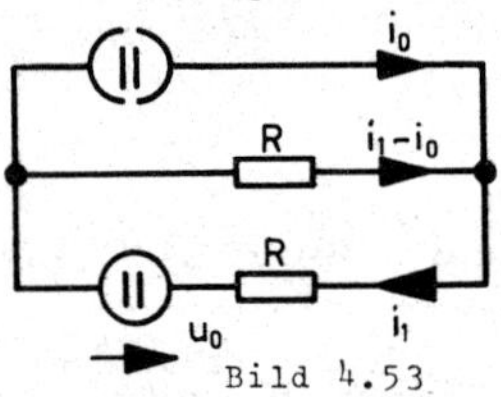

Bild 4.53
Zur Berechnung des Stromes i_1

Für die untere Masche in der Schaltung 4.53 gilt wegen $\sum u = 0$:

$$R(i_1 - i_0) + Ri_1 = u_0 .$$

Daraus folgt wieder das Ergebnis (4.76).

4.20 *4.20.1* Wir wählen den vollständigen Baum so, daß i, i_1 und i_3 zu unabhängigen Strömen werden (Bild 4.54). Für diese Ströme ergibt sich folgendes Gleichungssystem :

i	i_1	i_3		
6R	R	2R	0	(4.77)
R	4R	-R	u_1+u_0	(4.78)
2R	-R	4R	$-u_0$	(4.79)

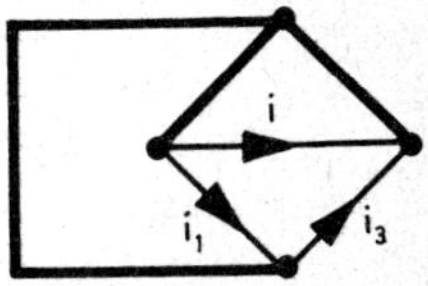

Bild 4.54
Zur Berechnung der Kompensationsspannung u_1

Da $i = 0$ sein soll, vereinfacht sich das System zu

i_1	i_3		
R	2R	0	(4.80)
4R	-R	u_1+u_0	(4.81)
-R	4R	$-u_0$	(4.82)

Hierin bilden zunächst die Gleichungen (4.80) und (4.82) ein Gleichungssystem mit nur zwei Unbekannten (i_1 und i_3) :

i_1	i_3		
R	2R	0	(4.80)
-R	4R	$-u_0$	(4.82)

Dieses Gleichungssystem lösen wir auf :

$$i_1 = \frac{u_0}{3R} ; \qquad i_3 = - \frac{u_0}{6R} .$$

Dann setzen wir diese beiden Ergebnisse in die Gleichung (4.81 ein und erhalten

$$u_1 = 4Ri_1 - Ri_3 - u_0 = \frac{4}{3}u_0 + \frac{u_0}{6} - u_0$$

$$\boxed{u_1 = u_0/2} .$$

4.2o.2 Die Spannungsquelle u_0 allein bewirkt im Mittelzweig (mit dem Widerstand 3R) den Strom i' . Dieser Strom wird kompensiert durch die Wirkung des von u_1 herrührenden Stromanteiles i" .
Kehrt man die Richtung von u_1 um, so hebt i" den Strom i' nicht auf, sondern verdoppelt ihn; es muß also dann gelten

$$\boxed{u_1 = - u_0/2} .$$

SACHVERZEICHNIS

S

T

U

V

W

Z

Weitere Titel aus dem B.I.-Wissenschafts-verlag (eine Auswahl für Ingenieure):

Böhm, H.
Einführung in die Metallkunde
236 Seiten mit Abb. 1968.
B.I.-Hochschultaschenbuch 196
Kurze Einführung für Studenten solcher Fachrichtungen, bei denen Metallkunde Nebenfach ist.
Prof. Dr.-Ing. Horst Böhm, Techn. Hochschule Aachen.

Bosse, G.
Grundlagen der Elektrotechnik
Band I: 141 Seiten mit Abb. 1966. Unter Mitarbeit von W. Mecklenbräuker.
B.I.-Hochschultaschenbuch 182
Band II: 153 Seiten mit Abb. 1967. Unter Mitarbeit von G. Wiesemann.
B.I.-Hochschultaschenbuch 183
Band III: 136 Seiten. 1969. Unter Mitarbeit von A. Glaab.
B.I.-Hochschultaschenbuch 184
Band IV: 164 Seiten mit Abb. 1973. Unter Mitarbeit von J. Hagenauer.
B.I.-Hochschultaschenbuch 185
I: Das elektrostatische Feld und der Gleichstrom. II: Das magnetische Feld und die elektromagnetische Induktion. III: Wechselstromlehre, Vierpol- und Leitungstheorie. IV: Drehstrom, Ausgleichsvorgänge in linearen Netzen.
Prof. Dr. Georg Bosse, Techn. Hochschule Darmstadt, Dr.-Ing. Arnold Glaab, Fürth, Dr.-Ing. Joachim Hagenauer, Techn. Hochschule Darmstadt, Dr.-Ing. Wolfgang Mecklenbräuker, Eindhoven, Dr.-Ing. Gunther Wiesemann, Stuttgart.

Feldtkeller, E.
Dielektrische und magnetische Materialeigenschaften
Band I: 242 Seiten mit Abb. 1973.
B.I.-Hochschultaschenbuch 485
Band II: 188 Seiten mit Abb. 1974.
B.I.-Hochschultaschenbuch 488
Vergleichende Gegenüberstellung für Ingenieure und Studenten der Elektrotechnik. I: Meßgrößen, Materialübersicht und statische Eigenschaften. II: Piezoelektrische/magnetostriktive und dynamische Eigenschaften.
Prof. Dr. Ernst Feldtkeller, Siemens AG und Techn. Universität München.

Glaab, A./J. Hagenauer
Übungen in Grundlagen der Elektrotechnik III, IV
228 Seiten mit Abb. 1973.
B.I.-Hochschultaschenbuch 780
Ergänzung zu den Bänden III und IV des Lehrbuchs von G. Bosse.
Dr.-Ing. Arnold Glaab, Fürth, Dr.-Ing. Joachim Hagenauer, Techn. Hochschule Darmstadt.

Bibliographisches Institut
Mannheim/Wien/Zürich

Jordan-Engeln, G./F. Reutter
Formelsammlung zur numerischen Mathematik mit Fortran IV-Programmen
360 Seiten mit Abb. 1974.
B.I.-Hochschultaschenbuch 106

Jordan-Engeln, G./F. Reutter
Numerische Mathematik für Ingenieure
XIII, 352 Seiten mit 29 Abb. 1973.
B.I.-Hochschultaschenbuch 104
Zum Selbststudium geeignetes ausführliches Skriptum über die gebräuchlichsten numerischen Verfahren.
Ob.-Ing. Dr. Gisela Jordan-Engeln, Prof. Dr. Fritz Reutter, Techn. Hochschule Aachen.

Klein, W.
Vierpoltheorie
159 Seiten mit Abb. 1972. (Wv).
Matrizentheorie des Vierpols, besondere Vierpole (Operationsverstärker, Nullor, Übertrager, Gyrator, Negativübersetzer, elektromechanische Wandler), die Wellenparametertheorie des Vierpols.
Prof. Dr.-Ing. Wilhelm Klein, Techn. Hochschule Darmstadt.

Klingbeil, E.
Tensorrechnung für Ingenieure
197 Seiten mit Abb. 1966.
B.I.-Hochschultaschenbuch 197
Elementare, auf Vektoren basierende Einführung; Anwendungen der Tensoranalysis in Differentialgeometrie und Kontinuumsmechanik.
Prof. Dr. Eberhard Klingbeil, Technische Hochschule Darmstadt.

Marguerre, K./H.-T. Woernle
Elastische Platten
242 Seiten mit 125 Abb. 1975. (Wv).
Systematische Einführung in die Plattentheorie anhand der schubelastischen Platte.
Prof. Dr. Karl Marguerre, Prof. Dr.-Ing. Hans-Theo Woernle, Techn. Hochschule Darmstadt.

Pestel, E.
Technische Mechanik
Band I: 284 Seiten mit Abb. 1969.
B.I.-Hochschultaschenbuch 205
Band II/1. Teil: 196 Seiten mit Abb. 1969.
B.I.-Hochschultaschenbuch 206
Band II/2. Teil: 204 Seiten mit Abb. 1971.
B.I.-Hochschultaschenbuch 207
Lehrbücher für Studenten der technischen Hochschulen und der Ingenieurakademien und für bereits in der Praxis tätige Ingenieure zum Gebrauch neben Vorlesungen und zum Selbststudium. I: Statik.
II: Kinematik und Kinetik.
Prof. Dr.-Ing. Eduard Pestel, Techn. Universität Hannover.

Bibliographisches Institut
Mannheim/Wien/Zürich

Piefke, G.
Feldtheorie
Band I: 264 Seiten. Verbesserter Nachdruck. 1977.
B.I.-Hochschultaschenbuch 771.
Band II: 231 Seiten mit Abb. 1973.
B.I.-Hochschultaschenbuch 773
Band III: Etwa 365 Seiten. 1977.
B.I.-Hochschultaschenbuch 782
Für Studenten der Elektrotechnik nach dem Vordiplom. I: Maxwellsche Gleichungen, Elektrostatik, Wellengleichung, verlustlose Leitungen. II: Verlustbehaftete Leitungen, Grundlagen der Antennenabstrahlung, Einschwingvorgang. III: Beugungs- und Streuprobleme, Wellenausbreitung in anisotropen Medien.
Prof. Dr. Gerhard Piefke, Techn. Hochschule Darmstadt.

Waller, H./W. Krings
Matrizenmethoden in der Maschinen- und Bauwerksdynamik
377 Seiten mit 159 Abb. 1975. (Wv).
Einführung für Bauingenieur- und Maschinenbaustudenten; mit einem Matrizenkatalog als Formelsammlung, Algolprogrammen und vielen durchgerechneten Beispielen.
Prof. Dr.-Ing. Heinz Waller, Dipl.-Ing. Wolfgang Krings, Ruhr-Universität Bochum.

Wiesemann, G.
Übungen in Grundlagen der Elektrotechnik II
202 Seiten mit Abb. 1976.
B.I.-Hochschultaschenbuch 779
Ergänzung zu Band II des Lehrbuchs von G. Bosse.
Dr.-Ing. Gunther Wiesemann, Techn. Universität Braunschweig.

Wiesemann, G./W. Mecklenbräuker
Übungen in Grundlagen der Elektrotechnik I
179 Seiten mit Abb. 1973.
B.I.-Hochschultaschenbuch 778
Ergänzung zu Band I des Lehrbuchs von G. Bosse.
Dr.-Ing. Gunther Wiesemann, Techn. Universität Braunschweig, Dr.-Ing. Wolfgang Mecklenbräuker, Eindhoven.

Wolff, I.
Grundlagen und Anwendungen der Maxwellschen Theorie
Band I: 326 Seiten mit Abb. 1968.
B.I.-Hochschultaschenbuch 818
Band II: 263 Seiten mit Abb. 1970.
B.I.-Hochschultaschenbuch 731
Ein Repetitorium für Studenten der Elektrotechnik.
I: Mathematische Grundlagen, die Maxwellschen Gleichungen, Elektrostatik. II: Strömungsfelder, Magnetfelder, quasistationäre Felder, Wellen.
Prof. Dr.-Ing. Ingo Wolff, Gesamthochschule Duisburg.

Bibliographisches Institut
Mannheim/Wien/Zürich

Die wissenschaftlichen Veröffentlichungen aus dem Bibliographischen Institut

B. I.-Hochschultaschenbücher, Einzelwerke und Reihen

Mathematik, Informatik, Physik, Astronomie, Philosophie, Chemie, Medizin, Ingenieurwissenschaften, Sprache, Geowissenschaften

B·I·

Wissenschaftsverlag

Bibliographisches Institut

Inhaltsverzeichnis

Sachgebiete

Zeichenerklärung
HTB = B.I.-Hochschultaschenbücher.
Wv = B.I.-Wissenschaftsverlag (Einzelwerke und Reihen).
M.F.O. = Mathematische Forschungsberichte Oberwolfach.
Stand: April 1978.

Mathematik

Aitken, A. C.
Determinanten und Matrizen
142 S. mit Abb. 1969. (HTB 293)

Andrié, M./P. Meier
Lineare Algebra und analytische Geometrie. Eine anwendungsbezogene Einführung
243 S. 1977. (HTB 84)

Artmann, B./W. Peterhänsel/ E. Sachs
Beispiele und Aufgaben zur linearen Algebra
150 S. 1978. (HTB 783)

Aumann, G.
Höhere Mathematik
Band I: Reelle Zahlen, Analytische Geometrie, Differential- und Integralrechnung. 243 S. mit Abb. 1970. (HTB 717)
Band II: Lineare Algebra, Funktionen mehrerer Veränderlicher. 170 S. mit Abb. 1970. (HTB 718)
Band III: Differentialgleichungen. 174 S. 1971. (HTB 761)

Bachmann, F./E. Schmidt
***n*-Ecke**
199 S. 1970. (HTB 471)

Barner, M./W. Schwarz (Hrsg.)
Zahlentheorie
235 S. 1971. (M. F. O. 5)

Behrens, E.-A.
Ringtheorie
405 S. 1975. (Wv)

Böhmer, K./G. Meinardus/ W. Schempp (Hrsg.)
Spline-Funktionen. Vorträge und Aufsätze
415 S. 1974. (Wv)

Brandt, S.
Datenanalyse. Mit statistischen Methoden und Computerprogrammen
342 S. mit Abb. 1975. (Wv)

rauner, H.
eometrie projektiver Räume
and I: Projektive Ebenen, projektive äume. 235 S. 1976. (Wv)
and II: Beziehungen zwischen rojektiver Geometrie und linearer lgebra. 258 S. 1976. (Wv)

rosowski, B.
ichtlineare Tschebyscheff-pproximation
53 S. 1968. (HTB 808)

rosowski, B./R. Kreß
inführung in die numerische lathematik
eil I: Auflösung von ileichungssystemen, die pproximationstheorie. 223 S. 1975. HTB 202)
eil II: Interpolation, numerische ntegration, Optimierungsaufgaben. 24 S. 1976. (HTB 211)

runner, G.
lomologische Algebra
13 S. 1973. (Wv)

Bundke, W.
2stellige Tafel der Legendre-Polynome
52 S. 1967. (HTB 320)

Cartan, H.
Differentialformen
250 S. 1974. (Wv)

Cartan, H.
Differentialrechnung
236 S. 1974. (Wv)

Cartan, H.
Elementare Theorie der analytischen Funktionen einer oder mehrerer komplexen Veränderlichen
236 S. mit Abb. 1966. (HTB 112)

Degen, W./K. Böhmer
Gelöste Aufgaben zur Differential- und Integralrechnung
Band I: Eine reelle Veränderliche. 254 S. 1971. (HTB 762)
Band II: Mehrere reelle Veränderliche. 111 S. 1971. (HTB 763)

Dinghas, A.
Einführung in die Cauchy-Weierstraß'sche Funktionentheorie
114 S. 1968. (HTB 48)

Dombrowski, P.
Differentialrechnung I und Abriß der linearen Algebra
271 S. mit Abb. 1970. (HTB 743)

Eisenack, G./C. Fenske
Fixpunkttheorie
258 S. 1978. (Wv)

Elsgolc, L. E.
Variationsrechnung
157 S. mit Abb. 1970. (HTB 431)

Eltermann, H.
Grundlagen der praktischen Matrizenrechnung
128 S. mit Abb. 1969. (HTB 434)

Erwe, F.
Differential- und Integralrechnung
Band I: Differentialrechnung. 364 S. mit Abb. 1962. (HTB 30)
Band II: Integralrechnung. 197 S. mit Abb. 1973. (HTB 31)

Erwe, F.
Gewöhnliche Differentialgleichungen
152 S. mit 11 Abb. 1964. (HTB 19)

Erwe F./E. Peschl
Partielle Differentialgleichungen erster Ordnung
133 S. 1973. (HTB 87)

Felscher, W.
Naive Mengen und abstrakte Zahlen I
260 S. 1978. (Wv)

Gericke, H.
Geschichte des Zahlbegriffs
163 S. mit Abb. 1970. (HTB 172)

Gericke, H.
Theorie der Verbände
174 S. mit Abb. 1963. (HTB 38)

Goffman, C.
Reelle Funktionen
331 S. Aus dem Englischen. 1976. (Wv)

Gottschalk, G./R. Kaiser
Einführung in die Varianzanalyse und Ringversuche
165 S. 1976. (HTB 775)

Gröbner, W.
Algebraische Geometrie
Band I: Allgemeine Theorie der kommutativen Ringe und Körper. 193 S. 1968. (HTB 273)

Gröbner, W.
Matrizenrechnung
276 S. mit Abb. 1966. (HTB 103)

Gröbner, W./H. Knapp
Contributions to the Method of Lie Series
In englischer Sprache. 265 S. 1967. (HTB 802)

Grotemeyer, K. P./E. Letzner/ R. Reinhardt
Topologie
187 S. mit Abb. 1969. (HTB 836)

Gunning, R. C.
Vorlesungen über Riemannsche Flächen
276 S. 1972. (HTB 837)

Hämmerlin, G.
Numerische Mathematik
Band I: Approximation, Interpolation, Numerische Quadratur, Gleichungssysteme. 194 S. 1970. (HTB 498)

Hardtwig, E.
Fehler- und Ausgleichsrechnung
262 S. mit Abb. 1968. (HTB 262)

Hasse, H./P. Roquette (Hrsg.)
Algebraische Zahlentheorie
272 S. 1966. (M. F. O. 2)

Heesch, H.
Untersuchungen zum Vierfarbenproblem
290 S. mit Abb. 1969. (HTB 810)

Heidler, K./H. Hermes/ F.-K. Mahn
Rekursive Funktionen
248 S. 1977. (Wv)

Heil, E.
Differentialformen
207 S. 1974. (Wv)

Hein, O.
Graphentheorie für Anwender
141 S. 1977. (HTB 83)

Hein, O.
Statistische Verfahren der Ingenieurpraxis
197 S. Mit 5 Tabellen, 6 Diagrammen, 43 Beispielen. 1978. (HTB 119)

Hellwig, G.
Höhere Mathematik
Band I/1. Teil: Zahlen, Funktionen, Differential- und Integralrechnung einer unabhängigen Variablen. 284, IX S. 1971. (HTB 553)
Band I/2. Teil: Theorie der Konvergenz, Ergänzungen zur Integralrechnung, das Stieltjes-Integral. 137 S. 1972. (HTB 560)

Hengst, M.
Einführung in die mathematische Statistik und ihre Anwendung
259 S. mit Abb. 1967. (HTB 42)

Henze, E.
Einführung in die Maßtheorie
235 S. 1971. (HTB 505)

Hirzebruch, F./W. Scharlau
Einführung in die Funktionalanalysis
178 S. 1971. (HTB 296)

Holmann, H.
Lineare und multilineare Algebra
Band I: Einführung in Grundbegriffe der Algebra. 212 S. 1970. (HTB 173)

Holmann, H./H. Rummler
Alternierende Differentialformen
257 S. 1972. (Wv)

Horvath, H.
Rechenmethoden und ihre Anwendung in Physik und Chemie
142 S. 1977. (HTB 78)

Hoschek, J.
Liniengeometrie
VI, 263 S. mit Abb. 1971. (HTB 733)

Hoschek, J./G. Spreitzer
Aufgaben zur darstellenden Geometrie
229 S. mit Abb. 1974. (Wv)

Ince, E. L.
Die Integration gewöhnlicher Differentialgleichungen
180 S. 1965. (HTB 67)

Jordan-Engeln, G./F. Reutter
Formelsammlung zur numerischen Mathematik mit Fortran IV-Programmen
360 S. mit Abb. 2. Auflage 1976. (HTB 106)

Jordan-Engeln, G./F. Reutter
Numerische Mathematik für Ingenieure
XIII, 365 S. mit Abb. 2., überarbeitete Aufl. 1978. (HTB 104)

Kaiser, R./G. Gottschalk
Elementare Tests zur Beurteilung von Meßdaten
68 S. 1972. (HTB 774)

Kastner, G.
Einführung in die Mathematik für Naturwissenschaftler
212 S. 1971. (HTB 752)

Kießwetter, K.
Reelle Analysis einer Veränderlichen. Ein Lern- und Übungsbuch
316 S. 1975. (HTB 269)

Kießwetter, K./R. Rosenkranz
Lösungshilfen für Aufgaben zur reellen Analysis einer Veränderlichen
231 S. 1976. (HTB 270)

Klingbeil, E.
Tensorrechnung für Ingenieure
197 S. mit Abb. 1966. (HTB 197)

Klingbeil, E.
Variationsrechnung
332 S. 1977. (Wv)

Klingenberg, W. (Hrsg.)
Differentialgeometrie im Großen
351 S. 1971. (M. F. O. 4)

Klingenberg, W./P. Klein
Lineare Algebra und analytische Geometrie
Band I: Grundbegriffe, Vektorräume. XII, 288 S. 1971. (HTB 748)
Band II: Determinanten, Matrizen, Euklidische und unitäre Vektorräume. XVIII, 404 S. 1972. (HTB 749)

Klingenberg, W./P. Klein
Lineare Algebra und analytische Geometrie. Übungen zu Band I u. II
VIII, 172 S. 1973. (HTB 750)

Laugwitz, D.
Ingenieurmathematik
Band I: Zahlen, analytische Geometrie, Funktionen. 158 S. mit Abb. 1964. (HTB 59)
Band II: Differential- und Integralrechnung. 152 S. mit Abb. 1964. (HTB 60)
Band III: Gewöhnliche Differentialgleichungen. 141 S. 1964. (HTB 61)
Band IV: Fourier-Reihen, verallgemeinerte Funktionen, mehrfache Integrale, Vektoranalysis, Differentialgeometrie, Matrizen, Elemente der Funktionalanalysis. 196 S. mit Abb. 1967. (HTB 62)
Band V: Komplexe Veränderliche. 158 S. mit Abb. 1965. (HTB 93)

Laugwitz, D./C. Schmieden
Aufgaben zur Ingenieurmathematik
182 S. 1966. (HTB 95)

Laugwitz, D./H.-J. Vollrath
Schulmathematik vom höheren Standpunkt
Band I: Einführung in die Denk- und Arbeitsweise der Mathematik an Universitäten. 195 S. mit Abb. 1969. (HTB 118)

Lebedew, N. N.
Spezielle Funktionen und ihre Anwendung
372 S. mit Abb. 1973. (Wv)

Lighthill, M. J.
Einführung in die Theorie der Fourieranalysis und der verallgemeinerten Funktionen
96 S. mit Abb. 1966. (HTB 139)

Lingenberg, R.
Grundlagen der Geometrie
226 S. mit Abb. 3., durchgesehene Aufl. 1978. (Wv)

Lingenberg, R.
Lineare Algebra
161 S. mit Abb. 1969. (HTB 828)

Lorenzen, P.
Metamathematik
173 S. 1962. (HTB 25)

Lutz, D.
Topologische Gruppen
175 S. 1976. (Wv)

Marsal, D.
Die numerische Lösung partieller Differentialgleichungen in Wissenschaft und Technik
602 S. mit Abb. 1976. (Wv)

Martensen, E.
Analysis.
Für Mathematiker, Physiker, Ingenieure
Band I: Grundlagen der Infinitesimalrechnung. IX, 200 S. 2. Aufl. 1976. (HTB 832)
Band II: Aufbau der Infinitesimalrechnung. VIII, 176 S. 2., neu bearbeitete Aufl. 1978. (HTB 833)
Band III: Gewöhnliche Differentialgleichungen. V, 209 S. 1971. (HTB 834)
Band V: Funktionalanalysis und Integralgleichungen. VI, 275 S. 1972. (HTB 768)

Meinardus, G./G. Merz
Praktische Mathematik I.
Für Ingenieure, Mathematiker und Physiker
Etwa 340 S. 1978. (Wv)

Meschkowski, H.
Einführung in die moderne Mathematik
214 S. mit Abb. 3., verbesserte Aufl. 1971. (HTB 75)

Meschkowski, H.
Grundlagen der Euklidischen Geometrie
231 S. mit Abb. 2., verbesserte Aufl. 1974. (Wv)

Meschkowski, H.
Mathematikerlexikon
328 S. mit Abb. 2., erweiterte Aufl. 1973. (Wv)

Meschkowski, H.
Mathematisches Begriffswörterbuch
315 S. mit Abb. 4. Aufl. 1976. (HTB 99)

Meschkowski, H.
Mehrsprachenwörterbuch mathematischer Begriffe
135 S. 1972. (Wv)

Meschkowski, H.
Problemgeschichte der neueren Mathematik (1800–1950)
Etwa 270 S. 1978. (Wv)

Meschkowski, H.
Reihenentwicklungen in der mathematischen Physik
151 S. mit Abb. 1963. (HTB 51)

Meschkowski, H.
Richtigkeit und Wahrheit in der Mathematik
219 S. 2., durchgesehene Aufl. 1978. (Wv)

Meschkowski, H.
Ungelöste und unlösbare Probleme der Geometrie
204 S. 2., verb. und erweiterte Aufl. 1975. (Wv)

Meschkowski, H.
Wahrscheinlichkeitsrechnung
233 S. mit Abb. 1968. (HTB 285)

Meschkowski, H./I. Ahrens
Theorie der Punktmengen
183 S. mit Abb. 1974. (Wv)

Meschkowski, H./G. Lessner
Aufgabensammlung zur Einführung in die moderne Mathematik
136 S. mit Abb. 1969. (HTB 263)

Neukirch, J.
Klassenkörpertheorie
308 S. 1970. (HTB 713)

Niven, I./H. S. Zuckerman
Einführung in die Zahlentheorie
Band I: Teilbarkeit, Kongruenzen, quadratische Reziprozität u. a. 213 S. 1976. (HTB 46)
Band II: Kettenbrüche, algebraische Zahlen, die Partitionsfunktion u. a. 186 S. 1976. (HTB 47)

Noble, B.
Numerisches Rechnen
Band II: Differenzen, Integration und Differentialgleichungen. 246 S. 1973. (HTB 147)

Oberschelp, A.
Elementare Logik und Mengenlehre
Band I: Die formalen Sprachen, Logik. 254 S. 1974. (HTB 407)
Band II: Klassen, Relationen, Funktionen, Anfänge der Mengenlehre. 229 S. 1978. (HTB 408)

Peschl, E.
Analytische Geometrie und lineare Algebra
200 S. mit Abb. 1968. (HTB 15)

Peschl, E.
Differentialgeometrie
92 S. 1973. (HTB 80)

Peschl, E.
Funktionentheorie I
274 S. mit Abb. 1967. (HTB 131)

Pflaumann, E./H. Unger
Funktionalanalysis
Band I: Einführung in die Grundbegriffe in Räumen einfacher Struktur. 240 S. 1974. (Wv)
Band II: Abbildungen (Operatoren). 338 S. 1974. (Wv)

Poguntke, W./R. Wille
Testfragen zur Analysis I
96 S. 1976. (HTB 781)

Preuß, G.
Grundbegriffe der Kategorientheorie
105 S. 1975. (HTB 739)

Reiffen, H.-J./G. Scheja/U. Vetter
Algebra
272 S. mit Abb. 1969. (HTB 110)

Reiffen, H.-J./H. W. Trapp
Einführung in die Analysis
Band I: Mengentheoretische Topologie. IX, 320 S. 1972. (HTB 776)
Band II: Theorie der analytischen und differenzierbaren Funktionen. 260 S. 1973. (HTB 786)
Band III: Maß- und Integrationstheorie. 369 S. 1973. (HTB 787)

Rottmann, K.
Mathematische Formelsammlung
176 S. mit Abb. 1962. (HTB 13)

Rottmann, K.
Mathematische Funktionstafeln
208 S. 1959. (HTB 14)

Rottmann, K.
Siebenstellige dekadische Logarithmen
194 S. 1960. (HTB 17)

Rottmann, K.
Siebenstellige Logarithmen der trigonometrischen Funktionen
440 S. 1961. (HTB 26)

Schick, K.
Lineare Optimierung
331 S. mit Abb. 1976. (HTB 64)

Schmidt, J.
Mengenlehre. Einführung in die axiomatische Mengenlehre
Band I: 245 S. mit Abb. 2., verb. und erweiterte Aufl. 1974. (HTB 56)

Schwabhäuser, W.
Modelltheorie
Band I: 176 S. 1975. (HTB 813)
Band II: 123 S. 1972. (HTB 815)

Schwartz, L.
Mathematische Methoden der Physik
Band I: Summierbare Reihen, Lebesque-Integral, Distributionen, Faltung. 184 S. 1974. (Wv)

Schwarz, W.
Einführung in die Siebmethoden der analytischen Zahlentheorie
215 S. 1974. (Wv)

Tamaschke, O.
Permutationsstrukturen
276 S. 1969. (HTB 710)

Tamaschke, O.
Projektive Geometrie
Band II: XI, 397 S. mit Abb. 1972. (HTB 838)

Tamaschke, O.
Schur-Ringe
240 S. mit Abb. 1970. (HTB 735)

Teichmann, H.
Physikalische Anwendungen der Vektor- und Tensorrechnung
231 S. mit 64 Abb. 3. Aufl. 1975. (HTB 39)

Tropper, A. M.
Matrizenrechnung in der Elektrotechnik
99 S. mit Abb. 1964. (HTB 91)

Uhde, K.
Spezielle Funktionen der mathematischen Physik
Band I: Zylinderfunktionen. 267 S. 1964. (HTB 55)
Band II: Elliptische Integrale, Thetafunktionen, Legendre-Polynome, Laguerresche Funktionen u. a. 211 S. 1964. (HTB 76)

Voigt, A./J. Wloka
Hilberträume und elliptische Differentialoperatoren
260 S. 1975. (Wv)

Waerden, B. L. van der
Mathematik für Naturwissenschaftler
280 S. mit 167 Abb. 1975. (HTB 281)

Wagner, K.
Graphentheorie
220 S. mit Abb. 1970. (HTB 248)

Walter, R.
Differentialgeometrie
286 S. 1978. (Wv)

Walter, W.
Einführung in die Theorie der Distributionen
VIII, 211 S. mit Abb. 1974. (Wv)

Weizel, R./J. Weyland
Gewöhnliche Differentialgleichungen. Formelsammlung mit Lösungsmethoden und Lösungen
194 S. mit Abb. 1974. (Wv)

Werner, H.
Einführung in die allgemeine Algebra
Etwa 150 S. 1978. (HTB 120)

Wollny, W.
Reguläre Parkettierung der euklidischen Ebene durch unbeschränkte Bereiche
316 S. mit Abb. 1970. (HTB 711)

Wunderlich, W.
Darstellende Geometrie
Band I: 187 S. mit Abb. 1966. (HTB 96)
Band II: 234 S. mit Abb. 1967. (HTB 133)

Reihe: Jahrbuch Überblicke Mathematik

Herausgegeben von Prof. Dr. Benno Fuchssteiner, Gesamthochschule Paderborn, Prof. Dr. Ulrich Kulisch, Universität Karlsruhe, Prof. Dr. Detlef Laugwitz, Techn. Hochschule Darmstadt, Prof. Dr. Roman Liedl, Universität Innsbruck.
Das Jahrbuch Überblicke Mathematik bringt Informationen über die aktuellen wissenschaftlichen, wissenschaftsgeschichtlichen und didaktischen Fragen der Mathematik. Es wendet sich an Mathematiker, die nach abgeschlossenem Studium in der Forschung, in der Lehre des Sekundar- und Tertiärbereiches und in der Industrie tätig sind und die den Kontakt zur neueren Entwicklung halten wollen.

Jahrbuch Überblicke Mathematik 1975. 181 S. mit Abb. 1975. (Wv)

Jahrbuch Überblicke Mathematik 1976. 204 S. mit Abb. 1976. (Wv)

Jahrbuch Überblicke Mathematik 1977. 181 S. mit Abb. 1977. (Wv)

Jahrbuch Überblicke Mathematik 1978. 224 S. 1978. (Wv)

Reihe: Überblicke Mathematik

Herausgegeben von Prof. Dr. Detlef Laugwitz, Techn. Hochschule Darmstadt.

Diese Reihe bringt kurze und klare Übersichten über neuere Entwicklungen der Mathematik und ihrer Randgebiete für Nicht-Spezialisten; seit 1975 erscheint an Stelle dieser Reihe das neu konzipierte „Jahrbuch Überblicke Mathematik".

Band 1: 213 S. mit Abb. 1968. (HTB 161)

Band 2: 210 S. mit Abb. 1969. (HTB 232)
Band 3: 157 S. mit Abb. 1970. (HTB 247)
Band 4: 123 S. 1972 (Wv)
Band 5: 186 S. 1972 (Wv)
Band 6: 242 S. mit Abb. 1973. (Wv)
Band 7: 265, II S. mit Abb. 1974. (Wv)

Reihe: Mathematik für Physiker

Herausgegeben von Prof. Dr. Detlef Laugwitz, Techn. Hochschule Darmstadt, Prof. Dr. Peter Mittelstaedt, Universität Köln, Prof. Dr. Horst Rollnik, Universität Bonn, Prof. Dr. Georg Süßmann, Universität München.

Diese Reihe ist in erster Linie für Leser bestimmt, denen die Beschäftigung mit der Mathematik nicht Selbstzweck ist. Besonderer Wert wird darauf gelegt, mit Beispielen und Motivationen den speziellen Anforderungen der Physiker zu genügen.

Band 1:
Meschkowski, H.
Zahlen
174 S. mit Abb. 1970. (Wv)

Band 2:
Meschkowski, H.
Funktionen
179 S. mit Abb. 1970. (Wv)

Band 3:
Meschkowski, H.
Elementare Wahrscheinlichkeitsrechnung und Statistik
188 S. 1972. (Wv)

Band 4:
Lingenberg, R.
Einführung in die lineare Algebra
236 S. 1976. (Wv)

Band 5:
Erwe, F.
Reelle Analysis
Etwa 350 S. 1978. (Wv)

Band 6:
Gröbner, W.
Differentialgleichungen.
Gewöhnliche Differentialgleichungen
188 S. 1977. (Wv)

Band 7:
Gröbner, W.
Differentialgleichungen II.
Partielle Differentialgleichungen
157 S. 1977. (Wv)

Band 9:
Fuchssteiner, B./D. Laugwitz
Funktionalanalysis
219 S. 1974. (Wv)

Reihe: Mathematik für Wirtschaftswissenschaftler

Herausgegeben von Prof. Dr. Martin Rutsch, Universität Karlsruhe.

Diese im Aufbau befindliche Reihe bringt Einführungen, die nach Konzeption, Themenauswahl, Darstellungsweise und Wahl der Beispiele auf die Bedürfnisse von Studenten der Wirtschaftswissenschaften zugeschnitten sind.

Band 1:
Rutsch, M.
Wahrscheinlichkeit I
350 S. mit Abb. 1974. (Wv)

Band 2:
Rutsch, M./K.-H. Schriever
Wahrscheinlichkeit II
404 S. mit Abb. 1976. (Wv)

Band 3:
Rutsch, M./K.-H. Schriever
Aufgaben zur Wahrscheinlichkeit
267 S. mit Abb. 1974. (Wv)

Band 4:
Rommelfanger, H.
Differenzen- und Differentialgleichungen
232 S. 1977. (Wv)

Band 5:
Egle, K.
Graphen und Präordnungen
208 S. 1977. (Wv)

Reihe: Methoden und Verfahren der mathematischen Physik

Herausgegeben von Prof. Dr. Bruno Brosowski, Universität Göttingen, und Prof. Dr. Erich Martensen, Universität Karlsruhe.

Diese Reihe bringt Originalarbeiten aus dem Gebiet der angewandten Mathematik und der mathematischen Physik für Mathematiker, Physiker und Ingenieure.

Band 1: 183 S. mit Abb. 1969. (HTB 720)
Band 2: 179 S. mit Abb. 1970. (HTB 721)
Band 3: 176 S. mit Abb. 1970. (HTB 722)
Band 4: 177 S. 1971. (HTB 723)
Band 5: 199 S. 1971. (HTB 724)
Band 6: 163 S. 1972. (HTB 725)
Band 7: 176 S. 1972. (HTB 726)
Band 8: 222 S. mit Abb. 1973. (Wv)
Band 9: 201 S. mit Abb. 1973. (Wv)
Band 10: 184 S. 1973. (Wv)
Band 11: 190 S. mit Abb. 1974. (Wv)
Band 12: 214 S. mit Abb. 1975. Mathematical Geodesy, Part 1. (Wv)
Band 13: 206 S. mit Abb. 1975. Mathematical Geodesy, Part 2. (Wv)
Band 14: 176 S. mit Abb. 1975. Mathematical Geodesy, Part 3. (Wv)
Band 15: 166 S. 1976. (Wv)
Band 16: 180 S. 1976. (Wv)

Informatik

Alefeld, G./J. Herzberger/ O. Mayer
Einführung in das Programmieren mit ALGOL 60
164 S. 1972. (HTB 777)

Bosse, W.
Einführung in das Programmieren mit ALGOL W
249 S. 1976. (HTB 784)

Breuer, H.
Algol-Fibel
120 S. mit Abb. 1973. (HTB 506)

Breuer, H.
Fortran-Fibel
85 S. mit Abb. 1969. (HTB 204)

Breuer, H.
PL/1-Fibel
106 S. 1973. (HTB 552)

Breuer, H.
Taschenwörterbuch der Programmiersprachen ALGOL, FORTRAN, PL/1
157 S. 1976. (HTB 181)

Haase, V./W. Stucky
BASIC
Programmieren für Anfänger
230 S. 1977. (HTB 744)

Hotz, G./H. Walter
Automatentheorie und formale Sprachen I
184 S. 1968. (HTB 821)

Mell, W.-D./P. Preus/P. Sandner
Einführung in die Programmiersprache PL/1
304 S. 1974. (HTB 785)

Mickel, K.-P.
Einführung in die Programmiersprache COBOL
206 S. 1975. (HTB 745)

Müller, D.
Programmierung elektronischer Rechenanlagen
249 S. mit 26 Abb. 3., erweiterte Aufl. 1969. (HTB 49)

Müller, K. H./I. Streker
FORTRAN. Programmierungsanleitung
215 S. 2. Aufl. 1970. (HTB 804)

Rohlfing, H.
SIMULA
243 S. mit Abb. 1973. (HTB 747)

Schließmann, H.
Programmierung mit PL/1
150 S. 1975. (HTB 740)

Zimmermann, G./P. Marwedel
Elektrotechnische Grundlagen der Informatik I
Elektrostatik, Oszillograph, Logikschaltungen, Digitalspeicher. 200 S. 1974. (HTB 789)

Zimmermann, G./J. Höffner
Elektrotechnische Grundlagen der Informatik II
Wechselstromlehre, Leitungen, analoge u. digitale Verarbeitung kontinuierlicher Signale. 194 S. 1974. (HTB 790)

Reihe: Informatik

Herausgegeben von Prof. Dr. Karl Heinz Böhling, Universität Bonn, Prof. Dr. Ulrich Kulisch, Universität Karlsruhe, Prof. Dr. Hermann Maurer, Technische Universität Graz.

Diese Reihe enthält einführende Darstellungen zu verschiedenen Teildisziplinen der Informatik. Sie ist hervorgegangen aus der Zusammenlegung der Reihen „Skripten zur Informatik" (Hrsg. K. H. Böhling) und „Informatik" (Hrsg. U. Kulisch).

Band 1:
Maurer, H.
Theoretische Grundlagen der Programmiersprachen. Theorie der Syntax
254 S. Neudruck 1977. (Wv)

Band 2:
Heinhold, J./U. Kulisch
Analogrechnen
242 S. mit Abb. 1976. (Wv)

Band 4:
Böhling, K. H./D. Schütt
Endliche Automaten
Teil II: 104 S. 1970. (HTB 704)

Band 5:
Brauer, W./K. Indermark
Algorithmen, rekursive Funktionen und formale Sprachen
115 S. 1968. (HTB 817)

Band 6:
Heyderhoff, P./Th. Hildebrand
Informationsstrukturen. Eine Einführung in die Informatik
218 S. mit Abb. 1973. (Wv)

Band 7:
Kameda, T./K. Weihrauch
Einführung in die Codierungstheorie
Teil I: 218 S. 1973. (Wv)

Band 8:
Reusch, B.
Lineare Automaten
149 S. mit Abb. 1969. (HTB 708)

Band 9:
Henrici, P.
Elemente der numerischen Analysis
Teil I: Auflösung von Gleichungen. 227 S. 1972. (HTB 551)
Teil II: Interpolation und Approximation, praktisches Rechnen. IX, 195 S. 1972. (HTB 562)

Band 10:
Böhling, K. H./G. Dittrich
Endliche stochastische Automaten
138 S. 1972. (HTB 766)

Band 11:
Seegmüller, G.
Einführung in die Systemprogrammierung
480 S. mit Abb. 1974. (Wv)

Band 12:
Alefeld, G./J. Herzberger
Einführung in die Intervallrechnung
XIII, 398 S. mit Abb. 1974. (Wv)

Band 13:
Duske, J./H. Jürgensen
Codierungstheorie
235 S. 1977. (Wv)

Band 14:
Böhling, K. H./B. v. Braunmühl
Komplexität bei Turingmaschinen
324 S. mit Abb. 1974. (Wv)

Band 15:
Peters, F. E.
Einführung in mathematische Methoden der Informatik
348 S. 1974. (Wv)

Band 16:
Wedekind, H.
Datenbanksysteme I
227 S. mit Abb. 1975. (Wv)

Band 17:
Holler, E./O. Drobnik
Rechnernetze
195 S. mit Abb. 1975. (Wv)

Band 18:
Wedekind, H./T. Härder
Datenbanksysteme II
430 S. 1976. (Wv)

Band 19:
Kulisch, U.
Grundlagen des numerischen Rechnens. Mathematische Begründung der Rechnerarithmetik
467 S. 1976. (Wv)

Band 20:
Zima, H.
Betriebssysteme. Parallele Prozesse
325 S. 1976. (Wv)

Band 21:
Mies, P./D. Schütt
Feldrechner
150 S. 1976. (Wv)

Band 22:
Denert, E./R. Franck
Datenstrukturen
362 S. 1977. (Wv)

Band 23:
Ecker, K.
Organisation von parallelen Prozessen. Theorie deterministischer Schedules
280 S. 1977. (Wv)

Band 24:
Kaucher, E./R. Klatte/Ch. Ullrich
Höhere Programmiersprachen ALGOL, FORTRAN, PASCAL
258 S. 1978. (Wv)

Band 25:
Motsch, W.
Halbleiterspeicher. Technik, Organisation und Anwendung
237 S. 1978. (Wv)

Band 26:
Görke, W.
Mikrorechner
225 S. 1978. (Wv)

Physik

Baltes, H. P./E. R. Hilf
Spectra of Finite Systems
In englischer Sprache. 116 S. 1976. (Wv)

Barut, A. O.
Die Theorie der Streumatrix für die Wechselwirkungen fundamentaler Teilchen
Band I: Gruppentheoretische Beschreibung der S-Matrix. 225 S. mit Abb. 1971. (HTB 438)
Band II: Grundlegende Teilchenprozesse. 212 S. mit Abb. 1971. (HTB 555)

Bensch, F./C. M. Fleck
Neutronenphysikalisches Praktikum
Band I: Physik und Technik der Aktivierungssonden. 234 S. mit Abb. 1968. (HTB 170)
Band II: Ausgewählte Versuche und ihre Grundlagen. 182 S. mit Abb. 1968. (HTB 171)

Bethge, K.
Quantenphysik.
Eine Einführung in die Atom- und Molekülphysik
Etwa 240 S. 1978. Unter Mitarbeit von Dr. G. Gruber, Universität Frankfurt. (Wv)

Bjorken, J. D./S. D. Drell
Relativistische Quantenmechanik
312 S. mit Abb. 1966. (HTB 98)

Bleuler, K./H. R. Petry/D. Schütte (Hrsg.)
Mesonic Effects in Nuclear Structure
In englischer Sprache. 181 S. mit Abb. 1975. (Wv)

Bodenstedt, E.
Experimente der Kernphysik und ihre Deutung
Band I: 290 S. mit Abb. 1972. (Wv)
Band II: XIV, 293 S. mit Abb. 2., verbesserte Aufl. 1978. (Wv)
Band III: 288 S. mit Abb. 1973. (Wv)

Borucki, H.
Einführung in die Akustik
236 S. mit Abb. 1973. (Wv)

Donner, W.
Einführung in die Theorie der Kernspektren
Band I: Grundeigenschaften der Atomkerne, Schalenmodell, Oberflächenschwingungen und Rotationen. 197 S. mit Abb. 1971. (HTB 473)
Band II: Erweiterung des Schalenmodells, Riesenresonanzen. 107 S. mit Abb. 1971. (HTB 556)

Dreisvogt, H.
Spaltprodukttabellen
188 S. mit Abb. 1974. (Wv)

Eder, G.
Atomphysik.
Quantenmechanik II
259 S. 1978. (Wv)

Eder, G.
Elektrodynamik
273 S. mit Abb. 1967. (HTB 233)

Eder, G.
Quantenmechanik I
324 S. 1968. (HTB 264)

Emendörfer, D./K. H. Höcker
Theorie der Kernreaktoren
Band I: Kernbau und Kernspaltung, Wirkungsquerschnitte, Neutronenbremsung und -thermalisierung. 232 S. mit Abb. 1969. (HTB 411)
Band II: Neutronendiffusion (Elementare Behandlung und Transporttheorie). 147 S. mit Abb. 1970. (HTB 412)

Feynman, R. P.
Quantenelektrodynamik
249 S. mit Abb. 1969. (HTB 401)

Fick, D.
Einführung in die Kernphysik mit polarisierten Teilchen
VI, 255 S. mit Abb. 1971. (HTB 755)

Gasiorowicz, S.
Elementarteilchenphysik
742 S. mit 119 Abb. 1975. (Wv)

Groot, S. R. de
Thermodynamik irreversibler Prozesse
216 S. mit 4 Abb. 1960. (HTB 18)

Groot, S. R. de/P. Mazur
Anwendung der Thermodynamik irreversibler Prozesse
349 S. mit Abb. 1974. (Wv)

Heisenberg, W.
Physikalische Prinzipien der Quantentheorie
117 S. mit Abb. 1958. (HTB 1)

Henley, E. M./W. Thirring
Elementare Quantenfeldtheorie
336 S. 1975. (Wv)

Hesse, K.
Halbleiter.
Eine elementare Einführung
Band I: 249 S. mit 116 Abb. 1974. (HTB 788)

Huang, K.
Statistische Mechanik
Band III: 162 S. 1965. (HTB 70)

Hund, F.
Geschichte der physikalischen Begriffe
410 S. 1972. (HTB 543)

Hund, F.
Geschichte der Quantentheorie
262 S. mit Abb. 2. Auflage 1975. (Wv)

Hund, F.
Grundbegriffe der Physik
234 S. mit Abb. 1969. (HTB 449)

Källèn, G./J. Steinberger
Elementarteilchenphysik
687 S. mit Abb. 2., verbesserte Aufl. 1974. (Wv)

Kertz, W.
Einführung in die Geophysik
Band I: Erdkörper. 232 S. mit Abb. 1969. (HTB 275)
Band II: Obere Atmosphäre und Magnetosphäre. 210 S. mit Abb. 1971. (HTB 535)

Kippenhahn, R./C. Möllenhoff
Elementare Plasmaphysik
297 S. mit Abb. 1975. (Wv)

Libby, W. F./F. Johnson
Altersbestimmung mit der C^{14}-Methode
205 S. mit Abb. 1969. (HTB 403)

Lipkin, H. J.
Anwendung von Lieschen Gruppen in der Physik
177 S. mit Abb. 1967. (HTB 163)

Luchner, K.
Aufgaben und Lösungen zur Experimentalphysik
Band I: Mechanik, geometrische Optik, Wärme. 158 S. mit Abb. 1967. (HTB 155)
Band II: Elektromagnetische Vorgänge. 150 S. mit Abb. 1966. (HTB 156)
Band III: Grundlagen zur Atomphysik. 125 S. mit Abb. 1973. (HTB 157)

Lüscher, E.
Experimentalphysik
Band I: Mechanik, geometrische Optik, Wärme.
1. Teil: 260 S. mit Abb. 1967. (HTB 111)
Band I/2. Teil: 215 S. mit Abb. 1967. (HTB 114)
Band II: Elektromagnetische Vorgänge. 336 S. mit Abb. 1966. (HTB 115)
Band III: Grundlagen zur Atomphysik.
1. Teil: 177 S. mit Abb. 1970. (HTB 116)
Band III/2. Teil: 160 S. mit Abb. 1970. (HTB 117)

Lüst, R.
Hydrodynamik
Etwa 250 S. 1978. (Wv)

Mittelstaedt, P.
Der Zeitbegriff in der Physik
164 S. 1976. (Wv)

Mitter, H.
Quantentheorie
316 S. mit Abb. 1969. (HTB 701)

Møller, C.
Relativitätstheorie
316 S. 1977. (Wv)

Möller, F.
Einführung in die Meteorologie
Band I: Meteorologische Elementarphänomene. 222 S. mit Abb. 1973. (HTB 276)
Band II: Komplexe meteorologische Phänomene. 223 S. mit Abb. 1973. (HTB 288)

Neff, H.
Physikalische Meßtechnik
160 S. mit Abb. 1976. (HTB 66)

Neuert, H.
Experimentalphysik für Mediziner, Zahnmediziner, Pharmazeuten und Biologen
292 S. mit Abb. 1969. (HTB 712)

Neuert, H.
Physik für Naturwissenschaftler
Band I: Mechanik und Wärmelehre. 173 S. 1977. (HTB 727)
Band II: Elektrizität und Magnetismus, Optik. 198 S. 1977. (HTB 728)
Band III: Atomphysik, Kernphysik, chemische Analyseverfahren. 326 S. 1978. (HTB 729)

Rollnik, H.
Physikalische und mathematische Grundlagen der Elektrodynamik
217 S. mit Abb. 1976. (HTB 297)

Rollnik, H.
Teilchenphysik
Band I: Grundlegende Eigenschaften von Elementarteilchen. 188 S. mit Abb. 1971. (HTB 706)
Band II: Innere Symmetrien der Elementarteilchen. 158 S. mit Abb. z. T. farbig. 1971. (HTB 759)

Rose, M. E.
Relativistische Elektronentheorie
Band I: 193 S. mit Abb. 1971. (HTB 422)
Band II: 171 S. mit Abb. 1971. (HTB 554)

Scherrer, P./P. Stoll
Physikalische Übungsaufgaben
Band I: Mechanik und Akustik. 96 S. mit 44 Abb. 1962. (HTB 32)
Band II: Optik, Thermodynamik, Elektrostatik. 103 S. mit Abb. 1963. (HTB 33)
Band III: Elektrizitätslehre, Atomphysik. 103 S. mit Abb. 1964. (HTB 34)

Schulten, R./W. Güth
Reaktorphysik
Band II: Zeitliches Verhalten von Reaktoren. 164 S. mit Abb. 1962. (HTB 11)

Schultz-Grunow, F. (Hrsg.)
Elektro- und Magnetohydrodynamik
308 S. mit Abb. 1968. (HTB 811)

Seiler, H.
Abbildungen von Oberflächen mit Elektronen, Ionen und Röntgenstrahlen
131 S. mit Abb. 1968. (HTB 428)

Sexl, R. U./H. K. Urbantke
Gravitation und Kosmologie. Eine Einführung in die Allgemeine Relativitätstheorie
335 S. mit Abb. 1975. (Wv)

Teichmann, H.
Einführung in die Atomphysik
135 S. mit 47 Abb. 3. Auflage 1966. (HTB 12)

Teichmann, H.
Halbleiter
156 S. mit Abb. 3. Auflage 1969. (HTB 21)

Wagner, C.
Methoden der naturwissenschaftlichen und technischen Forschung
219 S. mit Abb. 1974. (Wv)

Wegener, H.
Der Mössbauer-Effekt und seine Anwendung in Physik und Chemie
226 S. mit Abb. 1965. (HTB 2)

Wehefritz, V.
Physikalische Fachliteratur
171 S. 1969. (HTB 440)

Weizel, W.
Einführung in die Physik
Band I: Mechanik und Wärme. 174 S. mit Abb. 5. Auflage 1963. (HTB 3)
Band II: Elektrizität und Magnetismus. 180 S. mit Abb. 5. Auflage 1963. (HTB 4)
Band III: Optik und Atomphysik. 194 S. mit Abb. 5. Auflage 1963. (HTB 5)

Weizel, W.
Physikalische Formelsammlung
Band II: Optik, Thermodynamik, Relativitätstheorie. 148 S. 1964. (HTB 36)
Band III: Quantentheorie. 196 S. 1966. (HTB 37)

Zimmermann, P.
Eine Einführung in die Theorie der Atomspektren
91 S. mit Abb. 1976. (Wv)

Astronomie

Becker, F.
Geschichte der Astronomie
201 S. mit Abb. 3., erweiterte Aufl. 1968. (HTB 298)

Bohrmann, A.
Bahnen künstlicher Satelliten
163 S. mit Abb. 2., erweiterte Aufl. 1966. (HTB 40)

Schaifers, K.
Atlas zur Himmelskunde
96 S. 1969. (HTB 308)

Scheffler, H./H. Elsässer
Physik der Sterne und der Sonne
535 S. mit Abb. 1974. (Wv)

Schurig, R./P. Götz/K. Schaifers
Himmelsatlas (Tabulae caelestes)
44 S. 8. Aufl. 1960. (Wv)

Voigt, H. H.
Abriß der Astronomie
556 S. mit Abb. 2., verbesserte Aufl. 1975. (Wv)

Philosophie

Glaser, I.
Sprachkritische Untersuchungen zum Strafrecht am Beispiel der Zurechnungsfähigkeit
131 S. 1970. (HTB 516)

Kamlah, W.
Philosophische Anthropologie. Sprachkritische Grundlegung und Ethik
192 S. 1973. (HTB 238)

Kamlah, W.
Von der Sprache zur Vernunft. Philosophie und Wissenschaft in der neuzeitlichen Profanität
230 S. 1975. (Wv)

Kamlah, W./P. Lorenzen
Logische Propädeutik. Vorschule des vernünftigen Redens
239 S. 2., erweiterte Aufl. 1973. (HTB 227)

Kanitscheider, B.
Vom absoluten Raum zur dynamischen Geometrie
139 S. 1976. (Wv)

Leinfellner, W.
Einführung in die Erkenntnis- und Wissenschaftstheorie
226 S. 2., erweiterte Aufl. 1967. (HTB 41)

Lorenzen, P.
Normative Logic and Ethics
In englischer Sprache. 89 S. 1969. (HTB 236)

Lorenzen, P./O. Schwemmer
Konstruktive Logik, Ethik und Wissenschaftstheorie
331 S. mit Abb. 2., verbesserte Aufl. 1975. (HTB 700)

Mittelstaedt, P.
Philosophische Probleme der modernen Physik
227 S. mit Abb. 5., überarbeitete Aufl. 1976. (HTB 50)

Mittelstaedt, P.
Die Sprache der Physik
139 S. 1972. (Wv)

Mittelstaedt, P.
Der Zeitbegriff in der Physik
164 S. 1976. (Wv)

Literatur und Sprache

Kraft, H. (Hrsg.)
Andreas Streichers Schiller-Biographie
459 S. mit Abb. 1974. (Wv)

Storz, G.
Klassik und Romantik
247 S. 1972. (Wv)

Trojan, F./H. Schendl
Biophonetik
264 S. mit Abb. 1975. (Wv)

Chemie

Cordes, J. F. (Hrsg.)
Chemie und ihre Grenzgebiete
199 S. mit Abb. 1970. (HTB 715)

Freise, V.
Chemische Thermodynamik
288 S. mit Abb. 2. Aufl. 1972. (HTB 213)

Grimmer, G.
Biochemie
376 S. mit Abb. 1969. (HTB 187)

Kaiser, R:
Chromatographie in der Gasphase
Band I: Gas-Chromatographie. 220 S. mit Abb. 1973. (HTB 22)
Band II: Kapillar-Chromatographie. 346 S. mit Abb. 3., erweiterte Aufl. 1975. (HTB 23)
Band IV/2. Teil: 118 S. mit Abb. 2., erweiterte Aufl. 1969. (HTB 472)

Laidler, K. J.
Reaktionskinetik
Band I: Homogene Gasreaktionen. 216 S. mit Abb. 1970. (HTB 290)

Preuß, H.
Quantentheoretische Chemie
Band I: Die halbempirischen Regeln. 94 S. mit Abb. 1963. (HTB 43)
Band II: Der Übergang zur Wellenmechanik, die allgemeinen Rechenverfahren. 238 S. mit Abb. 1965. (HTB 44)
Band III: Wellenmechanische und methodische Ausgangspunkte. 222 S. mit Abb. 1967. (HTB 45)

Riedel, L.
Physikalische Chemie.
Eine Einführung für Ingenieure
406 S. mit Abb. 1974. (Wv)

Schmidt, M.
Anorganische Chemie
Band I: Hauptgruppenelemente. 301 S. mit Abb. 1967. (HTB 86)
Band II: Übergangsmetalle. 221 S. mit Abb. 1969. (HTB 150)

Schneider, G.
Pharmazeutische Biologie.
Pharmakognosie
333 S. 1975. (Wv)

Steward, F. C./A. D. Krikorian/
K.-H. Neumann
Pflanzenleben
268 S. mit Abb. 1969. (HTB 145)

Wilk, M.
Organische Chemie
291 S. mit Abb. 1970. (HTB 71)

Medizin

Forth, W./D. Henschler/W. Rummel (Hrsg.)
Allgemeine und spezielle Pharmakologie und Toxikologie
Für Studenten der Medizin, Veterinärmedizin, Pharmazie, Chemie, Biologie sowie für Ärzte und Apotheker.
2., überarbeitete und erweiterte Aufl. 1977. 686 S. Über 400 meist zweifarbige Abb., sowie mehr als 320 Tabellen. Format 19x27 cm. (Wv)

Das Standardwerk für den Bereich der Pharmakologie und Toxikologie. Lehrbuchmäßige Darstellung des gesamten Stoffes für Studenten der Medizin, Veterinärmedizin, Pharmazie, Chemie, Biologie. Geeignet zum Selbststudium, zur Vorbereitung auf Seminare, als Repetitorium – vor allem aber auch als umfassendes Handbuch und Nachschlagewerk für den praktisch tätigen Arzt, den Apotheker und für Wissenschaftler verwandter Gebiete.

Ingenieurwissenschaften

Beneking, H.
Praxis des Elektronischen Rauschens
255 S. mit Abb. 1971. (HTB 734)

Billet, R.
Grundlagen der thermischen Flüssigkeitszerlegung
150 S. mit Abb. 1962. (HTB 29)

Billet, R.
Optimierung in der Rektifiziertechnik unter besonderer Berücksichtigung der Vakuumrektifikation
129 S. mit Abb. 1967. (HTB 261)

Billet, R.
Trennkolonnen für die Verfahrenstechnik
151 S. mit Abb. 1971. (HTB 548)

Böhm, H.
Einführung in die Metallkunde
236 S. mit Abb. 1968. (HTB 196)

Bosse, G.
Grundlagen der Elektrotechnik
Band I: Das elektrostatische Feld und der Gleichstrom. Unter Mitarbeit von W. Mecklenbräuker. 141 S. mit Abb. 1966. (HTB 182)
Band II: Das magnetische Feld und die elektromagnetische Induktion. Unter Mitarbeit von G. Wiesemann. 154 S. mit Abb. 2., überarbeitete Aufl. 1978. (HTB 183)
Band III: Wechselstromlehre, Vierpol- und Leitungstheorie. Unter Mitarbeit von A. Glaab. 136 S. 1969. (HTB 184)
Band IV: Drehstrom, Ausgleichsvorgänge in linearen Netzen. Unter Mitarbeit von J. Hagenauer. 164 S. mit Abb. 1973. (HTB 185)

Feldtkeller, E.
Dielektrische und magnetische Materialeigenschaften
Band I: Meßgrößen, Materialübersicht und statistische Eigenschaften. 242 S. mit Abb. 1973. (HTB 485)
Band II: Piezoelektrische/magnetostriktive und dynamische Eigenschaften. 188 S. mit Abb. 1974. (HTB 488)

Glaab, A./J. Hagenauer
Übungen in Grundlagen der Elektrotechnik III, IV
228 S. mit Abb. 1973. (HTB 780)

Klein, W.
Vierpoltheorie
159 S. mit Abb. 1972. (Wv)

MacFarlane, A. G. J.
Analyse technischer Systeme
312 S. mit Abb. 1967. (HTB 81)

Mahrenholtz, O.
Analogrechnen in Maschinenbau und Mechanik
208 S. mit Abb. 1968. (HTB 154)

Marguerre, K./H.-T. Woernle
Elastische Platten
242 S. mit 125 Abb. 1975. (Wv)

Mesch, F. (Hrsg.)
Meßtechnisches Praktikum
217 S. mit Abb. 2. Auflage 1977. (HTB 736)

Pestel, E.
Technische Mechanik
Band I: Statik. 284 S. mit Abb. 1969. (HTB 205)
Band II: Kinematik und Kinetik.
1. Teil: 196 S. mit Abb. 1969. (HTB 206)
Band II/2. Teil: 204 S. mit Abb. 1971. (HTB 207)

Piefke, G.
Feldtheorie
Band I: Maxwellsche Gleichungen, Elektrostatik, Wellengleichung, verlustlose Leitungen. 264 S. Verbesserter Nachdruck 1977. (HTB 771)
Band II: Verlustbehaftete Leitungen, Grundlagen der Antennenabstrahlung, Einschwingvorgang. 231 S. mit Abb. 1973. (HTB 773)
Band III: Beugungs- und Streuprobleme, Wellenausbreitung in anisotropen Medien. 362 S. 1977. (HTB 782)

Rößger, E./K.-B. Hünermann
Einführung in die Luftverkehrspolitik
165, LIV S. mit Abb. 1969. (HTB 824)

Sagirow, P.
Satellitendynamik
191 S. 1970. (HTB 719)

Schrader, K.-H.
Die Deformationsmethode als Grundlage einer problemorientierten Sprache
137 S. mit Abb. 1969. (HTB 830)

Stüwe, H. P.
Einführung in die Werkstoffkunde
197 S. mit Abb. 2., verbesserte Aufl. 1978. (HTB 467)

Stüwe, H. P./G. Vibrans
Feinstrukturuntersuchungen in der Werkstoffkunde
138 S. mit Abb. 1974. (Wv)

Waller, H./W. Krings
Matrizenmethoden in der Maschinen- und Bauwerksdynamik
377 S. mit 159 Abb. 1975. (Wv)

Wasserrab, Th.
Gaselektronik
Band I: Atomtheorie. 223 S. mit Abb. 1971. (HTB 742)
Band II: Niederdruckentladungen, Technik der Gasentladungsventile. 230 S. mit Abb. 1972. (HTB 769)

Wiesemann, G.
Übungen in Grundlagen der Elektrotechnik II
202 S. mit Abb. 1976. (HTB 779)

Wiesemann, G./W. Mecklenbräuker
Übungen in Grundlagen der Elektrotechnik I
179 S. mit Abb. 1973. (HTB 778)

Wolff, I.
Grundlagen und Anwendungen der Maxwellschen Theorie
Band I: Mathematische Grundlagen, die Maxwellschen Gleichungen, Elektrostatik. 326 S. mit Abb. 1968. (HTB 818)
Band II: Strömungsfelder, Magnetfelder, quasistationäre Felder, Wellen. 263 S. mit Abb. 1970. (HTB 731)

Reihe: Theoretische und experimentelle Methoden der Regelungstechnik

Band 1:
Preßler, G.
Regelungstechnik
348 S. mit Abb. 3., überarbeitete Aufl. 1967. (HTB 63)

Band 3:
Isermann, R.
Theoretische Analyse der Dynamik industrieller Prozesse (Identifikation II)
Teil I: 122 S. mit Abb. 1971. (HTB 764)

Band 4:
Klefenz, G.
Die Regelung von Dampfkraftwerken
229 S. mit Abb. 2., verbesserte Aufl. 1975. (Wv)

Band 6:
Schlitt, H./F. Dittrich
Statistische Methoden der Regelungstechnik
169 S. 1972. (HTB 526)

Band 7:
Schwarz, H.
Frequenzgang- und Wurzelortskurvenverfahren
164 S. mit Abb. Verb. Nachdruck 1976. (Wv)

Band 8/9:
Starkermann, R.
Die harmonische Linearisierung
Band I: 201 S. mit Abb. 1970. (HTB 469)
Band II: 83 S. mit Abb. 1970. (HTB 470)

Band 10:
Starkermann, R.
Mehrgrößen-Regelsysteme
Band I: 173 S. mit Abb. 1974. (Wv)

Band 12:
Schwarz, H.
Optimale Regelung linearer Systeme
242 S. mit Abb. 1976. (Wv)

Band 13:
Latzel, W.
Regelung mit dem Prozeßrechner (DDC)
213 S. mit Abb. 1977. (Wv)

Geographie/Geologie/Völkerkunde

Ganssen, R.
Grundsätze der Bodenbildung
135 S. mit Zeichnungen und einer mehrfarbigen Tafel. 1965. (HTB 327)

Gierloff-Emden, H.-G./
H. Schroeder-Lanz
Luftbildauswertung
Band I: Grundlagen. 154 S. mit Abb. 1970. (HTB 358)

Henningsen, D.
Paläogeographische Ausdeutung vorzeitlicher Ablagerungen
170 S. mit Abb. 1969. (HTB 839)

Kertz, W.
Einführung in die Geophysik
Band I: Erdkörper. 232 S. mit Abb. 1969. (HTB 275)
Band II: Obere Atmosphäre und Magnetosphäre. 210 S. mit Abb. 1971. (HTB 535)

Lindig, W.
Vorgeschichte Nordamerikas
399 S. mit Abb. 1973. (Wv)

Möller, F.
Einführung in die Meteorologie
Band I: Meteorologische Elementarphänomene. 222 S. mit Abb. und 6 Farbtafeln. 1973. (HTB 276)
Band II: Komplexe meteorologische Phänomene. 223 S. mit Abb. 1973. (HTB 288)

Schmithüsen, J.
Geschichte der geographischen Wissenschaft von den ersten Anfängen bis zum Ende des 18. Jahrhunderts
190 S. 1970. (HTB 363)

Schwidetzky, I.
Grundlagen der Rassensystematik
180 S. mit Abb. 1974. (Wv)

Wunderlich, H.-G.
Bau der Erde.
Geologie der Kontinente und Meere
Band I: Afrika, Amerika, Europa. 151 S., Tabellen und farbige Abb. 1973. (Wv)
Band II: Asien, Australien, Geologie der Ozeane. 164 S., Tabellen und 16 S. farbige Abb. 1975. (Wv)

Wunderlich, H.-G.
Einführung in die Geologie
Band I: Exogene Dynamik. 214 S. mit Abb. und farbigen Bildern. 1968. (HTB 340)
Band II: Endogene Dynamik. 231 S. mit Abb. und farbigen Bildern. 1968. (HTB 341)

B.I.-Hochschulatlanten

Dietrich, G./J. Ulrich (Hrsg.)
Atlas zur Ozeanographie
76 S. 1968. (HTB 307)

Ganssen, R./F. Hädrich (Hrsg.)
Atlas zur Bodenkunde
85 S. 1965. (HTB 301)

Schaifers, K. (Hrsg.)
Atlas zur Himmelskunde
96 S. 1969. (HTB 308)

Schmithüsen, J. (Hrsg.)
Atlas zur Biogeographie
80 S.1976. (HTB 303)

Wagner, K. (Hrsg.)
Atlas zur physischen Geographie (Orographie)
59 S. 1971. (HTB 304)